社会工程
防范钓鱼欺诈
（卷3）

[美] Christopher Hadnagy Michele Fincher 著 肖诗尧 译

Phishing Dark Waters
The Offensive and Defensive Sides of Malicious E-mails

人民邮电出版社
北 京

图书在版编目（CIP）数据

　　社会工程. 卷3，防范钓鱼欺诈 /（美）海德纳吉
（Christopher Hadnagy），（美）芬奇
（Michele Fincher）著；肖诗尧译. -- 北京：人民邮
电出版社，2016.10
　　ISBN 978-7-115-43547-7

　　Ⅰ．①社… Ⅱ．①海… ②芬… ③肖… Ⅲ．①信息安
全 Ⅳ．①TP309

　　中国版本图书馆CIP数据核字(2016)第216678号

内 容 提 要

　　本书从专业社会工程人员的视角，详细介绍了钓鱼欺诈中所使用的心理学原则和技术工具，帮助读者辨识和防范各种类型和难度级别的钓鱼欺诈。本书包含大量真实案例，全面展示了恶意钓鱼攻击者的各种手段。本书还针对企业如何防范钓鱼攻击并组织开展相关培训提供了切实可行的意见。本书提供了企业和个人面对现实中的社会工程问题和风险的无可替代的解决方案。

　　本书适合社会工程人员、企业管理人员、IT部门人员以及任何对信息安全感兴趣的人阅读。

◆ 著　　　　[美] Christopher Hadnagy　Michele Fincher
　　译　　　　肖诗尧
　　责任编辑　朱　巍
　　执行编辑　温　雪
　　责任印制　彭志环
◆ 人民邮电出版社出版发行　　北京市丰台区成寿寺路11号
　　邮编　100164　电子邮件　315@ptpress.com.cn
　　网址　http://www.ptpress.com.cn
　　北京九州迅驰传媒文化有限公司印刷
◆ 开本：720×960　1/16
　　印张：11.5　　　　　　　　2016年10月第1版
　　字数：189千字　　　　　　2024年11月北京第25次印刷
　　著作权合同登记号　图字：01-2015-4674号

定价：59.80元
读者服务热线：(010)84084456-6009　印装质量热线：(010)81055316
反盗版热线：(010)81055315
广告经营许可证：京东市监广登字 20170147 号

版 权 声 明

献词

谨以此书献给那些使得它顺利出版的人。我的妻子阿丽莎，你是我遇见过的最耐心、善良和有智慧的人。我会永远坚持自己的梦想。

米歇尔，多亏平多年前推荐了你。没有你，这一切都不可能实现。

大卫，当我写下这些话时，我都无法相信我们已经走了这么远。谢谢你的支持。

——克里斯托弗·海德纳吉

献给我的丈夫，你是宇宙中最美丽的灵魂，是我整个人生的主宰。

也献给克里斯托弗，谢谢你给我这份工作并且信任我。

——米歇尔·芬奇

序

无论你是否对那些针对主要商业公司、电网或者私有银行发起的黑客攻击感到担忧，你都能从更多的信息和个人训练中受益，并以此来保护自己、保护公司、保护你所爱的和所关心的人，避免经济损失、遭遇尴尬或者更糟糕的情况。几乎每一起成功的网络攻击的核心都是人的因素。人的因素使得坏人能找出攻击系统的途径。由于人是每一起成功的安全攻击的核心要素，克里斯托弗（简称克里斯）决心通过教育培训，结合他作为专业社会工程人员（白帽子）和渗透测试者的经验，帮助大型公司以及他遇到的每一个人抵御这些攻击。

当克里斯和他出色的合著者兼训练伙伴米歇尔·芬奇一起，问我是否愿意为他们最近的一本书作序时，我感到既吃惊又荣幸。我多年前遇见克里斯时，他刚创办自己的公司 Social-Engineer。克里斯曾（并且仍在）主持一系列很棒的播客访谈节目，采访来自人际交互不同领域的专家。在那些日子里，克里斯迅速意识到人是最容易受到攻击的部分，并且技术和它的使用者和维护者一样脆弱。

我很清楚地记得我和克里斯多年前的第一次谈话。我当时就对他在行为学方面渊博的学识和充沛的热情印象深刻。更让我印象深刻的是，他的工作结合了自己在人际关系方面的学识、在安全领域多年的工作经验，以及在大型机构协调和组织培训项目的才能。最后，他的诚意和想要帮助他人的渴望，让我相信他是这个领域了不起的人物。

无需多言，我和克里斯很快就成了朋友。基于帮助他人的共同热情，我们创造了一种克里斯和他的合作伙伴如今成功开展并正在拓展的训练，他的合作伙伴就是空军学校毕业生、行为专家和合著者米歇尔。克里斯开阔了我的眼界，让我了解到我曾经使用多年的、用以获取他人信任的技术，以及用来挫败敌人的本领，实际上和恶意攻击者所使用的技术是一样的。通过利用一些建立信任的技术，黑客使得收到恶意邮件的人以为点击恶意链接或者采取某种类似的行动才是最符合他们的利益的。而克里斯正是致力于通过训练来阻止人们采取这种危险行动。

当我帮助别人时，我在生活中的方方面面都会用到从克里斯那里学来的知识。我也会教授那些容易由于人的因素而受到攻击的机构一些社会工程学意识。实际上，我常常会把我和克里斯多年前在华盛顿州西雅图市开设第一节社会工程学认证课程时使用的钓鱼邮件拿出来。一周的训练里包含了大量的实践练习，参与者会试着与他们遇到的普通人建立信任并施加影响。克里斯用写字板创建了一封典型的钓鱼邮件，这封邮件他总是在渗透测试中使用，并取得了很大的成功。克里斯解释了他是如何利用这封邮件得到 75% 的点击率的。那 75% 的人点击了这封邮件里的链接后，会立刻跳转到一个训练网站，里面展示了一些材料，帮助这些人了解以后应该注意哪些方面。换句话说，学习和教育变成了一种非常积极而非消极的事情。在刚才提到的那封邮件的基础上，我们利用人际关系和信任建立方面的一些技巧对其稍微进行了调整，在不增加邮件长度的前提下增加了 3 种新的技术。接下来的一周，克里斯告诉我他用那封修改后的邮件取得了 100% 的点击率。由于训练有素，比起参加克里斯加强型反钓鱼攻击训练前，那家公司已经取得了明显的进步。

我所学到的知识和我的个人经验告诉我：克里斯是这方面的杰出专家。我——和这个世界——都受益于他的热情、知识以及教授别人知识的能力，这样我们就可以生活在一个更安全的世界里。

本书的内容适合所有人阅读，可以用于职业生涯和个人生活的方方面面。克里斯和米歇尔用他们作为专业社会工程人员和渗透测试者的实际经验，阐释了人类点击不该点击的东西这一行为背后的心理学。结合克里斯自嘲式的幽默和米歇尔风趣的点评，本书可以在保护你和你的公司的同时，为你的阅读增添一些乐趣。最后，本书是一本实用手册，告诉你如何经营更安全、红火的企业，同时让个人生活免受恶意攻击者干扰。

通过阅读、记忆和实践本书中的内容，你能够重新审视自我、你的公司以及那些你关心的人。如果我们能够处理好恶意攻击中的首要因素——人的因素，那么这个世界就不会遭受影响数百万人的大范围攻击了。

——罗宾·德瑞克（Robin Dreeke）

致谢

2014 年，我的生活发生了一些改变，其中一个较好的变化是我的团队在成长。我和米歇尔开始教授新成员一些钓鱼攻击意识方法论，这也让我意识到该再写一本书了。

我们在新闻中看到的网络攻击中大部分都利用了钓鱼攻击，但是人们仍然没有意识到钓鱼攻击是什么，以及应该如何抵御钓鱼攻击。

然而，我的客户见证了员工在面对网络钓鱼邮件时的惊人变化——从 80%以上的点击率和少得可怜的汇报率到低于 10%的点击率和超过 60%的汇报率。随着时间的推移，这些数据仍在朝着好的方向发展。

我最近完成了《社会工程 卷 2：解读肢体语言》①，并告诉妻子我会暂时停笔休息一段时间。而当我又开始写作时，我变成了个隐士。妻子说我"难对付"。我仍然记得那个场景——我们在公路上开车，我想着可以通过谈论一些近期的安全新闻来激起我写本新书的欲望。于是我开始谈论钓鱼攻击为什么是个大问题，并说我希望能有一本书可以帮助人们解决问题。

在我说完后，我那既聪慧又有惊人洞察力的妻子说："不，不要现在就开始写另一本书。"我做了每个好男人在这种情况下都会做的事，把责任归咎于我的得力助手米歇尔。

"我和米歇尔认为这是个好主意，另外她会负责主要的写作工作。"

如今摆在这里的就是我们的最终成果——一本细致的关于如何增强企业钓鱼防范意识的书。渗透测试中的审计者常常利用钓鱼攻击来获取远程访问权限，但本书不会谈到渗透测试中使用的钓鱼攻击。本书主要是为了让人们了解他们所在的组织机构会遇到的钓鱼攻击并为此做好准备。

我想感谢很多人，没有他们的话，这本书不可能成功出版。

再一次，感激我的妻子阿丽莎。感谢你的耐心和支持，你总是让我畅所欲言，即使你并不想谈论这个话题。我爱你。

---

① 该书已经由人民邮电出版社出版，书号 9787115382467。——编者注

米歇尔，尽管最后我没有让你负责大部分的写作任务，但是如果没有你的支持，这本书也许就不会完成。谢谢你。

卡罗尔，你为这本书付出了很多。我想让你知道你的努力没有被忽视。感谢你的支持。

夏洛特，和你一起工作很开心，很顺利，也很有收获。谢谢你。

大卫，你知道的，当你没有跟我开玩笑、拿我活跃气氛、取笑我、让我尴尬或者用恼人的音乐让我生气的时候，你还是很不错的。谢谢你对本书的贡献。

尼克·菲诺克斯，谢谢你让我借用你的想法。你长期的支持和建议是我继续下去的理由。

平·卢克，七八届 Black Hat 会议前，如果当时你没有花 3 个小时和我谈话并向我推荐米歇尔，帮我调整心态，那么也许就不会有这本书了。

我的队友——阿曼达、迈克、科林、杰西卡和塔玛拉，谢谢你们在我和米歇尔需要抓紧写作的时候支持并帮助我们。

罗宾，真是见鬼了，谁能想到一起工作这么多年后我们会是现在这样呢？谢谢你长期的支持、友谊和帮助，也十分感谢你为我的这本书作序。

我忠实的客户、顾客和朋友们同意我使用他们的点子，谢谢你们。

我知道我的前两本书无法让所有人都满意。对于这本书，肯定有人读过之后会喜欢，有人读过之后会反感。如果你发现了错误，或看到了你不喜欢或者不同意的部分，请联系我和米歇尔，给我们一个机会来解释或者更正。

我希望你能看到本书背后付出的汗水和心血，你会发现这本书不仅有趣，同时也对你理解、教授和抵御钓鱼攻击有所帮助。

再次感谢你们让我在你们心中停留一小会儿。

——克里斯托弗·海德纳吉，Social-Engineer 公司 CEO 和创始人

尽管没人会为了取乐而读一本关于钓鱼攻击的书，但我还是希望你在这本书中能乐趣和实用性兼得。我写作本书的主要动机不仅是出于对客户的关心，也出于对身边人的关心。我希望他们的生活能够更安全。我的侄女和侄子已经伴随着互联网长大了，想到他们可能在人生真正开始前，就已经成为了网上身份信息窃取的受害者，我感到有些忧虑。因此，这不是一本专门写给安全专家看的书，而是一本写给所有通过网络与

世界相连的人看的书。

正如克里斯托弗所提到的，一本书的写作过程需要得到很多支持。如果我遗漏了谁，那么我提前在这里道歉。要是没有你们的帮助，我可能还在整日为这本书忙碌。

和我丈夫结婚对我写作本书是一大益处。事实证明，他能够一边忍耐冷了的或者烧糊了的晚餐，一边做研究并修改我的书稿。我不知道我们就着比萨（通常是由于晚餐冷了或者烧焦了）进行过多少次"你真的想写那个吗"的讨论。谢谢你，亲爱的。

克里斯托弗，你本可以让其他人帮忙的，而我得到了这个机会，我很感激。

阿曼达、迈克、科林、杰西卡和塔玛拉，你们知道自己有多努力，我也知道。谢谢你们。

Wiley 公司的卡罗尔和夏洛特，谢谢你们让我感觉到我的第一次出书经历如此美好。

——米歇尔·芬奇，Social-Engineer 公司首席影响官
（Chief Influencing Agent）

引言

这世上没有公平竞争这一回事。要利用一切弱点。

——凯利·卡弗里（Cary Caffrey）

社会工程已经成为大部分 IT 部门关注的重点，尤其是近两年，大部分美国公司也开始关注社会工程。据统计，超过 60% 的网络攻击的关键因素或主要因素是"人的因素"。对过去 12 个月里几乎所有的大型攻击事件的分析结果表明，绝大多数攻击都与社会工程有关，涉及网络钓鱼邮件（phishing e-mail）、鱼叉式网络钓鱼（spear phish）或恶意来电（malicious phone call，vishing）。

我已经写过两本书来剖析骗子和社会工程人员的心理、生理和历史沿革。而在写这两本书的同时，我发现了一个最近很火的主题，那就是电子邮件。自从人类发明电子邮件以来，它就被骗子和社会工程人员用来进行信用卡、金钱和信息等方面的欺诈。

在最近的一份报告中，Radicati 集团评估的结果显示，2014 年平均每天有 1914 亿封电子邮件被发送出去，这意味着全年有 69.8 万亿多封电子邮件被发送出去。你能想象这个数字吗？69 861 000 000 000，让人大吃一惊，对吧？但可能更让你吃惊的是，Social-Engineer Infographic 的信息显示，超过 90% 的电子邮件都是垃圾邮件。

电子邮件早已成为生活的一部分。我们会在电脑、平板电脑和手机上使用电子邮件。在曾经和我共事过的一些人里，有半数以上告诉我他们每天收到 100 封、150 封甚至 200 封邮件。

2014 年，Radicati 集团宣称全世界有 41 亿个电子邮件地址。根据这一数据我进行了计算，发现平均下来每个人每天都会收到 50 封左右的电子邮件。因为我们知道并不是每个人每天都会收到那么多邮件，所以有人每天会收到 100 封、150 封甚至 250 封邮件也就不足为奇了。

随着人们的生活压力和工作负担加重，以及科技产品的日益普及，骗子和社会工程人员知道电子邮件是渗透进我们的工作和生活的利器。再想想伪造电子邮件账户或合法账户以及愚弄人们让他们做一些不符合他们利益的事是多么容易，就会明白为什么电子邮件很快就成为了恶意攻击的头号媒介。

当我们不在大型会议（比如 DEF CON）上举办社会工程学竞赛，米歇尔也没在和学生斗智斗勇（这是真的，我发誓）的时候，我们会在全世界范围内与一些顶尖的公司一起做安全项目。即使很多公司都知道钓鱼攻击的存在并且有强大的安全措施来防范钓鱼攻击，也还是有人不可避免地成为钓鱼攻击的牺牲品。

写这本书时，我们的脑海中一直在回想着那些经历。我们自问："我们该如何利用这些年和大公司一起工作的经验，帮助每个公司立即行动起来，并做好防范钓鱼攻击的教育培训呢？"

我是一名建筑师了吗

我和米歇尔曾经在一些地方开展过一个项目，这个项目很简单但很强大。它利用那些攻击我们的工具反过来增强我们自己。我们知道这个想法不是我们发明的，毕竟现在有不少公司都在兜售"网络钓鱼"服务给合法组织。这些产品的很多使用者——大公司，过来找我们说："我们已经使用这个工具一年了，但是员工钓鱼攻击的中招率还是很高，我们该怎么办？"

在回答这个问题之前，让我先讲一个故事。我记得我买第一套房子快收房的时候，我和妻子都非常激动，（我们要拥有自己的房子了！）于是我做了所有拥有自己的房子的男人都会做的一件事：买一些工具。我去家得宝（Home Depot）买了一套精致的工具，包括一把拉锯、一把电钻、一把竖锯，还有其他一些五花八门的工具。

把这些工具买回家的第一天，我在地下室的架子上找了一个绝佳的摆放位置，然后就让它们在那儿闲置了一年。然后有一天我突然要锯点东西，我非常激动，因为总算有机会使用这些新工具了！我拿出工具箱，取出圆锯。我把所有的说明书都读了一遍，包括："确定你根据所锯的材料选择了合适的锯齿。"

我看了看锯齿，心想："看起来挺锋利的。"然后我就开始锯板子。起初一切顺利，我的手脚还在，板子也锯开了，圆锯也没毁坏。可是好景不长，几小时后圆锯突然卡住不动了。于是我给圆锯充电，但是没有什么作用。我还拿手摸了一下锯齿，锯齿依旧很锋利。于是我断定是圆锯出了毛病："这锯子肯定有问题。"

然后我请了一个朋友过来帮我解决这个问题，他拿起圆锯看了一下说："你为什么用这种细密的锯齿来锯 2×4①的板子？"

①指未处理过的木材的尺寸。——译者注

我回答道："你说的是什么锯齿？"

我的朋友摇了摇头，然后就锯齿的问题给我上了一课。

为什么我要讲这个丢脸的、缺乏男子气概的故事，而不是直接指出我自己缺乏男子气概？这是为了论证一个观点：拥有工具并不会使你成为一名建筑师！

同样，钓鱼工具和建筑工具没什么区别。仅仅购买工具并不能保证你的安全，也不会让你有能力教导其他人防范钓鱼攻击。

教导人们钓鱼攻击

好了，让我们回到我和米歇尔开展的那个项目上来：我们分析了钓鱼攻击和安全防范意识培训，发现正如很多安全专家所说的那样，这些项目大多都没有用。

当然，这里并不是说安全防范意识毫无作用，我也不会很傻很天真地说我们不需要安全防范意识。但是现有的安全防范意识训练采用的方法和方式的确不奏效。有人曾经在安全防范意识训练中专注地看了 30 分钟或者 60 分钟的 DVD 演示吗？有的话，请举起你的右手。好了，后排坐着的那位朋友，你可以把你的手放下来了。正如我所猜想的，基本上没有人举手。

如果训练中没有互动或者训练时间过长，那么人们就会在训练时开小差。商人显然深谙这一点，他们告诉我们要把网站做得有趣一点、互动性强一点、直奔主题一点，这样人们才会喜欢。教育的过程难道不也该如此吗？

于是我们提出了一个计划，把客户的安全防范意识培训中钓鱼攻击的部分做得更有趣一些、互动性更强一些。当然，最重要的是不要太冗长。这也是有必要写这本书的原因，我们想要在其中回答如下一些问题。

❏ 钓鱼攻击有多严重？
❏ 心理学原则在钓鱼攻击中起到了怎样的作用？
❏ 钓鱼攻击真的可以在安全防范意识训练中成为一个成功的部分吗？
❏ 如果说可以，那么公司应该如何开展这一训练呢？
❏ 任何规模的公司都能进行钓鱼攻击的培训吗？

我们列了一下关于钓鱼攻击的书的提纲，对我们的项目进行了定义，并对我们的流程进行了规范。我们考虑了很久是否要把这本书向公众发行。毕竟，研究这些方法花费了很多年。在看到这一项目对客户的巨大帮助之后，我们决定写这本书。乍一看，这似乎是一本大多数人都没什么兴趣的书，至少在 2014 年不断出事以前是这样的。2014 年，钓鱼攻击在真实的黑客攻击中一次又一次地占据了头条，每天的攻击中都使用了钓鱼攻击，钓鱼攻击服务的提供者每个月都层出不穷，全世界的公司都开始跻身于轰轰烈烈的反钓鱼培训之中。

本书主要内容

我和米歇尔希望本书可以帮助你进行自我保护，以及帮助公司防御恶意钓鱼攻击者。本书会带你踏上我们准备写这本书时所走过的路。

第 1 章介绍基础知识。这一章解释了钓鱼攻击是什么，以及为什么要使用钓鱼攻击。我们列举了很多最近发生的有效的钓鱼攻击的例子。

第 2 章探究了钓鱼攻击的原理。为什么钓鱼攻击有效？它们背后蕴含了怎样的心理学原则？

第 3 章只关注一个方面——影响，解释了影响原则是如何被恶意钓鱼攻击者利用的。

第 4 章讨论保护。前三章已经涵盖了钓鱼攻击的基础知识，所以是时候讨论该如何自保了。我们分别对普通人和专业人士提出了建议，同时也分析了我们所听说过的最糟糕的建议。

第 5 章介绍了公司如何开展钓鱼攻击项目以帮助员工提高安全意识。

但是你如何把这些内容融入到公司政策里？我懂，我懂，政策这个词在这些书里看上去似乎没有探讨的必要。但是我们不得不讨论它，简短而重要的第 6 章就是讨论这一主题的。

如果不介绍市面上一些重要的钓鱼攻击软件的话，那么这本书就是不完整的。第 7 章会介绍这些工具，同时告诉你如何运用它们来进行钓鱼攻击。

第 8 章对本书中所有的原则和讨论进行了总结，并对钓鱼攻击训练的一些原则进行了讨论。

本书排版约定

为了帮助你理解书中内容，本书采用了一些排版约定。

❑ 专业术语和重要的词汇用楷体表示。

说明/警告/提示　表示注释、建议、提示、诀窍或者当前讨论内容的边注。

总结

本书的主旨是剖析钓鱼攻击是什么、为什么它会起作用，以及它背后的原理是什么。我们想要把钓鱼攻击所有的漏洞都揭示出来，这样你就能了解如何抵御钓鱼攻击。

在我的上一本书《社会工程　卷2：解读肢体语言》中，我讲了一个剑术大师朋友的故事。他通过学习关于剑术的一切知识——如何用剑以及剑术的原理——来掌握剑术，然后找来了最好的陪练来帮他学习如何运用剑术。这个故事在这里也同样适用。当你学会辨认钓鱼攻击，熟悉钓鱼攻击工具，知道如何选择好搭档以后，也可以通过创建钓鱼攻击项目来提高你的技术水平，同时帮助你的同事、家人和朋友抵御钓鱼攻击。

在深入学习之前，我们需要了解一些基本问题，例如"什么是钓鱼攻击"以及"钓鱼攻击有哪些例子"。

一起来寻找这些问题的答案吧。

目　　录

第1章
真实世界的钓鱼攻击

拉娜：你认为这是某种陷阱吗？

亚契：什么？不，我不认为这是一个陷阱。尽管我从来都不认为它是陷阱……
但它通常就是陷阱。

——《间谍亚契》第四季第13集

因为我们要在一起一段时间，所以我觉得我应该一开始就开诚布公。虽然我认为自己是一个相当聪明的人，但我还是犯过很多愚蠢的错误，其中很多始于我大喊一声"嘿，看这个"或者心想"我想知道如果<这里插入一些危险/愚蠢的情况>会怎么样"。不过大多数时候，我的错误并非源于大呼小叫或思考某事的可能性，而是由于未经思考。未经思考通常导致一个结果——冲动。我过去遇到过骗子和罪犯，很清楚利用人们的冲动是他们成功的关键因素之一。各种形式的网络钓鱼已经成为一种备受关注的攻击手段，因为这是让人们不假思索行事的简单方法。

说明　在正式开始学习之前还有一件事值得一提。你可能注意到，当指代坏人的时候，我用的是"他"。我并不是性别歧视，也不是说所有的骗子都是男性。使用"他"比起为了避免冒犯任何人而使用"他们"或者"他或她"更加简洁，也避免了增加情况的复杂性。因此，当我说"他"做坏事的时候，实际上这个坏人可能是指任何人。

1.1　网络钓鱼基础

让我们从一些基本问题开始：什么是网络钓鱼？我们把它定义为：以对收件人施加影响或获得个人信息为目的，发送看似来自权威来源的电子邮件。简单地说，网络钓鱼就是坏人发送一些鬼鬼祟祟的电子邮件。网络钓鱼结合了社会工程学和诈骗技巧。它可能是一个电子邮件附件，会加载恶意软件到你的计算机，也可能是到非法网站的一个链接，这些网站会诱骗用户下载恶意软件或泄露个人信息。此外，鱼叉式网络钓鱼是一种非常有针对性的攻击方式。攻击者花时间对目标进行研究，然后创建与目标个人信息相关的或者私人化的电子邮件。正因为如此，鱼叉式网络钓鱼非常难以检测，也更加难以防御。

在这个星球上，任何一个拥有电子邮箱的人可能都收到过网络钓鱼邮件。根据报告里的数据来看，许多人都点击过邮件里的链接。不过要明白，点击链接这个行为并不能说明你笨，这只是一个由于你没有考虑周全而犯下的错误，或者是由于你没有足够的信息而做出的一个错误决定。（我有一次开车从密西西比州的比洛克西市出发，一口气开到了亚利桑那州的图森市，这才是真的笨。）

可以说网络钓鱼攻击的目标和攻击者都有常见的类型。网络钓鱼者的动机往往相当典型：钱或信息（通常也和钱有关）。如果你曾收到电子邮件，敦促你协助被废黜的王子转移他继承的遗产，那么说明你也是骗局中的一部分。富有的人毕竟是少数，但是当一群普通人捐赠小额的"转账费"以协助王子进行周转时（往往是钓鱼邮件中提出的要求），网络钓鱼者就大发其财了。或许你曾收到过来自银行的电子邮件，让你提供个人信息。如果你的身份被盗，那么可能会导致严重的后果。

其他可能的目标包括任何一家公司的普通职员。虽然职员单独掌握的信息可能有限，但把登录信息误交给黑客，会让黑客得以进入公司网络。如果黑客认为收获足够大，那么攻击可能到此结束；否则这也可能是另一起更大攻击的开始。

除了普通人以外，还有一些高价值目标，包括大公司的高层人员。在组织中的地位越高，越有可能成为鱼叉式网络钓鱼攻击的目标，因为攻击者所花费的时间和精力将会得到不菲的回报。这时整个经济体而非个人的损失会非常严重。

你现在知道什么是网络钓鱼、是谁发动的钓鱼攻击以及他们为什么要发动钓鱼攻击了。接下来看看他们是怎样进行网络钓鱼攻击的吧。

1.2　人们是如何进行网络钓鱼的

如果发件人一栏中写的是"把你的钱给我"这样的信息，那么辨别一封可疑的电子邮件就会变得很容易。骗子使用的最简单的诈骗手段之一就是邮件诈骗，指将发件人一栏信息伪造为你认识的人或者其他合理来源（比如电信公司）。在第 4 章中，我和克里斯概括了一些简单的步骤来帮助你识别发件人是否合法。同时这也能让你意识到，邮件来自你认识的人并不代表邮件就是安全的。

骗子为他们的故事增加可信度的另一种方法是网站克隆。具体说来，骗子对合法网站进行克隆以欺骗你输入个人可识别信息（personally identifiable information，PII）或登录凭据。这些虚假网站也可以用来直接攻击你的电脑。克里斯亲身经历的一个例子就是假的亚马逊网站。从很多方面来讲，这都是一个很好的例子。首先，这是一个很常见的骗局，因为我们中的很多人都在亚马逊网站上买过东西。我们多次看过该公司的网站和电子邮件，以至于可能不会认真地看它的邮件。其次，它伪造得很好，甚至那些对这类骗局很有经验的人也可能上当受骗。

克里斯对客户进行钓鱼攻击已经好些年了（当然是经过客户许可）。他发送了数十万封钓鱼邮件，了解这些邮件的写作方式以及为什么有效。但是在去年，他收到了一封电子邮件，里面说他的亚马逊账户要被冻结了。这封电子邮件碰巧赶上了我们准备 DEF CON 年度竞赛的时间。克里斯一直都很忙碌，但在 DEF CON 召开前的那个月里，身处办公室的他基本上就是在但丁笔下的九层地狱里打转。我不知道当他收到那封伪造的亚马逊网站邮件时想了什么或说了什么，但是你大概可以想到这个故事是怎么发展的。图 1-1 展示了他收到的那封电子邮件。

仔细阅读这封邮件，你会注意到它的语言水平并不达标，甚至有点奇怪，比如单词字母随机大写。这些特性是网络钓鱼的共同特点，因为很多发件人并不是以英语为母语的。关键是，对于一个匆匆一扫邮件内容的人来说它的质量已经够好的了。

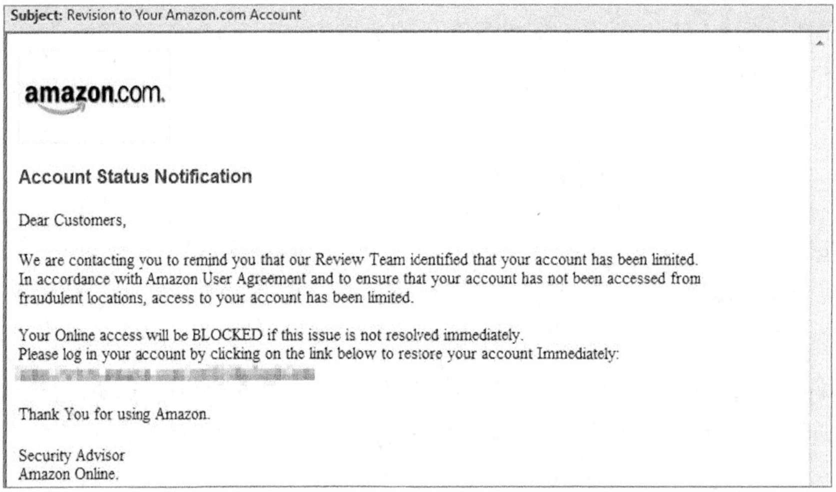

图 1-1　臭名昭著的"亚马逊网站"钓鱼邮件

克里斯点击了邮件里的链接，然后进入了一个看起来像是亚马逊网站的网页，如图 1-2 所示。即使经过细致的检查也无法发现这是一个假冒的网站，因为它就是原网站的克隆版。

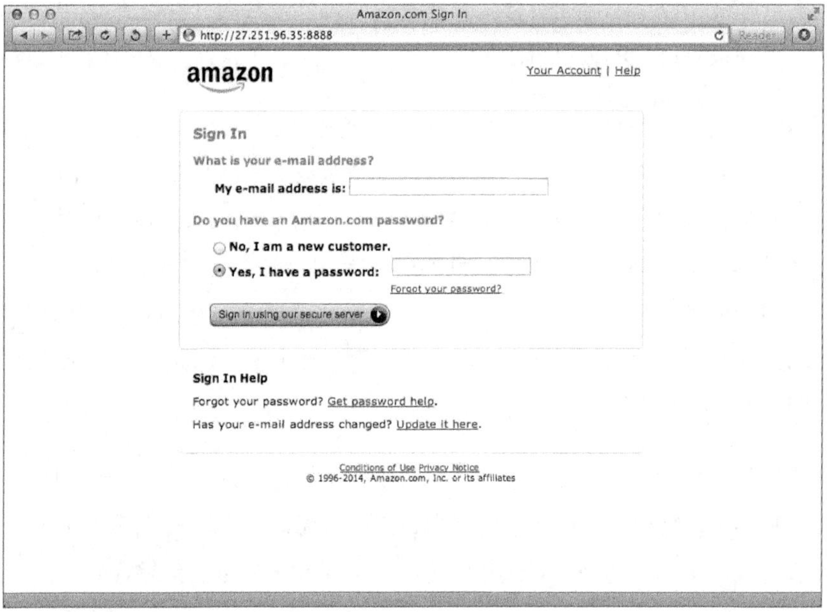

图 1-2　假的亚马逊网站

这个时候，克里斯受过的多年训练起作用了。他看了看网站的链接（地址），然后发现这是一个非法网站。如果他输入登录信息，那么账户里包含的个人可识别信息和他的信用卡信息就会被劫持。这封邮件差点成功骗过克里斯，因为网站本身是原网站的克隆，再加上电子邮件发来时克里斯非常忙碌、疲倦、注意力分散，这一切都会阻碍他的批判性思维（详见第 4 章）。网站克隆的确是一种非常有说服力的方式，能让人们相信钓鱼邮件的内容是真的。

最后说一种诡计：骗子会给刚收到钓鱼邮件的人打电话。这也被称为语音钓鱼（vishing）或电话钓鱼。语音钓鱼有多种恶意目的，从增加邮件的真实性和可信度到直接请求保密信息等。这种诡计从反面强调了保护个人可识别信息的重要性。在我成长的年代，人们的社保号码和电话号码会被印在自己的支票上，就在地址下方。这简直是在说："请来偷我的身份信息吧，罪犯先生。"想象一下，你收到了一封来自"银行"的电子邮件，随后又接到了他们的电话，要求你点击某个链接访问一个网站，然后更新你的账户信息。这件事是多么让人深信不疑啊。

最近发生了一起被称为 Francophoning 的企业级钓鱼攻击，之所以这么称呼是因为目标公司主要在法国。这是一起精心策划的钓鱼攻击。一位行政助理收到一封关于发票问题的邮件，随后有电话打过来，电话的另一头是一个自称公司副总裁的人，要求她立即处理刚刚邮件中提到的发票问题。助理随后点击了邮件中的链接，导致后台加载了一个恶意软件。该恶意软件使得攻击者可以控制她的电脑并窃取信息。这个例子很有趣，因为其中有很多要素在起作用，例如利用权威和性别差异。不过这里主要想说的是，如果你从多个渠道听到同一个故事，那么这个故事就会听起来更加可信。

1.3 示例

我不太清楚你们的情况，但我和克里斯都善于从例子中学习。本节涵盖了一些因钓鱼攻击而受到重大损失的例子，并介绍了一些如今仍在使用的钓鱼手段。我们也会讨论为什么它们如此奏效。

首先，有必要提到反钓鱼工作组（APWG）。我们可以用好几页来介绍这些人，但是没有必要，你需要知道的就是反钓鱼工作组是一个全球安全爱好者联盟，他们对全球的钓鱼攻击进行研究、定义和报道。

根据反钓鱼工作组 2014 年 8 月的报告来看，钓鱼攻击仍旧数量惊人。2014 年第二季度，消费者向反钓鱼工作组报告了 128 378 个不同的钓鱼站点和 171 801 封不同的钓鱼邮件。这是自反钓鱼工作组开始追踪这些数据以来第二高的季度报告数值。交易服务和金融机构是主要攻击目标，占总体的 60%。同时也呈现出了一个新趋势：针对在线支付的攻击有所增加。

现在你已经总览了这些数据，是时候谈谈其中的细节了。

1.3.1　重大攻击

目前为止，塔吉特公司（Target Corporation）受到的攻击可能是最著名的案例之一。它影响了近 1.1 亿消费者——估计大约有 4000 万信用卡信息和 7000 万个人可识别信息遭到泄露；你的个人数据可能就在其中。这个事件中一个有趣的地方在于，攻击者似乎并非特意针对塔吉特公司。这是一起攻击升级的例子。塔吉特公司在开始的攻击成功后变成了一个潜在受害者。在这个案例中，最初的受害者是塔吉特公司的一家暖通空调（HAVC）供应商，它拥有塔吉特公司的网络证书。该供应商的一位员工收到了一封钓鱼邮件，然后他点击了邮件中会导致恶意软件加载的链接，恶意软件随后从承包商处窃取了他的登录信息。该承包商的网络和塔吉特公司的网络相连，用于账单和合同的递交等。现在还不清楚所有的攻击细节，但是攻击者最后进入了塔吉特公司的服务器，并攻陷了交易系统。

虽然对消费者造成的最终损失仍有待评估，但是塔吉特公司已经花费了 2 亿多美元以重印被盗取的信用卡——这还没有考虑日后可能发生的欺诈行为。总之，对于帮助人们意识到钓鱼攻击的危险性来说，这是生动而昂贵的一课。

显然，无论采取怎样的技术控制和安全策略，公司仍然和普通人一样容易受到网络钓鱼攻击。那么普通人会遇到的钓鱼攻击的例子是怎样的呢？下面一节将会介绍一些你可能已经见过的常见例子。

1.3.2　常见的钓鱼手段

如果不首先介绍"尼日利亚 419"骗局，那么我们关于网络钓鱼这一主题的讨论注定会留下遗憾。这一骗局也称为预付款骗局，实际上它的历史已经有 200 多年了（可以想象，在平邮信的时代，这种骗局需要花很长的时间才能生效，但是它仍旧生效了）。它现在之所以被称为"尼日利亚骗局"是因为这种骗局很多都来源于尼日利亚，数字419指的是尼日利亚刑法中的欺诈类犯罪的编号。

你可能已经见过这类骗局。例如，一位富有的王子声称自己被废黜了，需要你帮助他转移他的大笔财富；或者一个快要死去的人后悔自己以前吝啬，需要你帮助他把财产捐给慈善机构。无论故事情节如何，这类骗局有几个不变的基本特征。

□ 金钱的数额巨大。
□ 他们相信你，一个对他们而言完全陌生的人，让你去转账、付款或者持有这笔钱。
□ 你会获得一定的报酬，但你需要做下面这些事：

  ■ 为他们提供你的银行账户信息以便他们给你转账；
  ■ 协助他们付转账费用，主要是由于不稳定的政治局势或个人原因而导致他们无法自己支付转账费用。

图 1-3 展示了一个真实的例子，这是我最近收到的一封邮件。这封邮件来自加纳而非尼日利亚，但是你懂得意思就好。

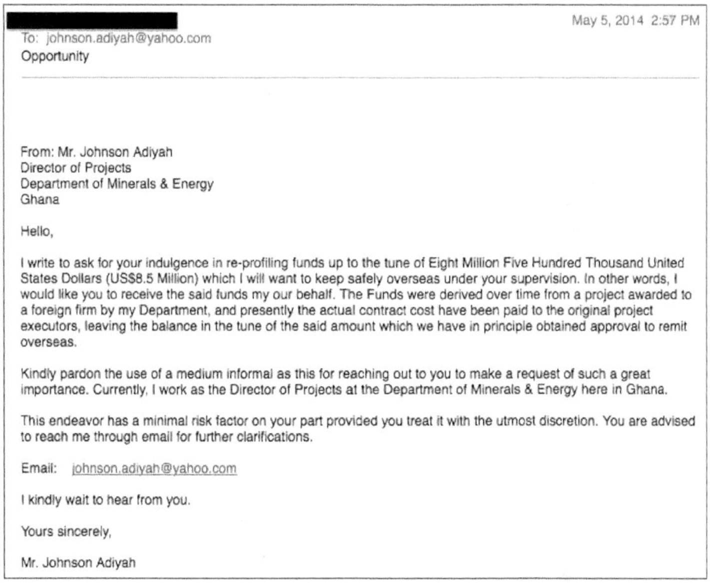

图 1-3 米歇尔收到的尼日利亚 419 网络钓鱼邮件

对于大多数人来说这是一个很明显的骗局，那么究竟是什么让我确定这并不是来自非洲王室的正当请求呢？

- 我并不认识任何非洲皇室的人，或者任何来自加纳矿业和能源部门的人，我甚至连任何叫约翰逊·艾迪约亚（Johnson Adiyah）的人都不认识。
- 约翰逊·艾迪约亚也没理由认识我，这是很显然的，因为他在邮件开头没提我的名字。这么大的一笔交易，他居然连对方的名字都不知道？
- 虽然我明白有些事会自然发生，但是这个请求实在是太突然了。
- 他们实在太信任我了（比起一家银行、一位熟人，甚至一家法律事务所），让我一个陌生人处理 850 万美元。虽然我认为自己的确是一个值得信任的人，但是你知道用 850 万美元我可以买多少蟹肉饼吗？
- 最后，尽管我相信发送者使用了拼写检查，但是他的英语很奇怪，似乎英语并不是他的母语。假如我真的在加纳认识一位约翰逊·艾迪约亚的话，这一点当然不成问题。

尼日利亚 419 骗局只是一个入门级别的骗局，很容易辨别。你可能会想，既然如此，为什么 200 年后这个骗局仍然存在而且依旧会有人上当受骗呢？可能你自己也收到过这类邮件，那么为什么它仍然有效呢？

- 贪婪。这是第一原因，也是最基本的原因。大多数人永远不会有机会见到像 419 钓鱼骗局中那么多的钱，这一点会让很多人思维短路。这个故事有可能是真的，对不对？其实不是这样。但如果你可以说服自己总有一天会中彩票的话，那么进一步说服自己真会有陌生人让你拿着他的钱，可能也不是那么困难。
- 缺乏教育。在本书后面的部分，我们将会从不同的方面来谈这个因素。有很多人（直到现在，包括我母亲）对于有人想通过电子邮件窃取他们的身份信息或钱财这一点一无所知。
- 过于轻信。这个世界上有人完全信任其他人。如果说我们生活在一个轻信他人并不会给自己带来危险的世界，那真是太棒了。

除了为你提供巨额财富以外，坏人还喜欢使用一些常见的主题。有的主题至少能让你停下来怀疑它的真实性。

1. 金融类主题

金融类主题是钓鱼攻击者的最爱。我们大部分人都会把钱存起来、转账、交税，因此当收到一封来自金融机构的通知时，人们通常是会打开邮件的。钓鱼攻击的方式无穷无尽，他们通常要求你在线提交账户信息细节以验证你的身份。最常见的金融钓鱼攻击包括下面这些类型。

❏ 账户有异常的登录请求。
❏ 银行升级了在线安全措施。
❏ 未按时还贷或者纳税。

图 1-4 到图 1-7 展示了一些例子。这些钓鱼攻击大部分都比尼日利亚骗局要复杂和完善，它们可能包括了商标和图片，看起来更正规一些。我们把这些骗局归类为中级钓鱼骗局。

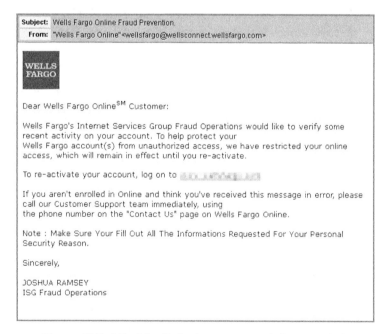

图 1-4　伪装成美国富国银行（Wells Fargo）邮件的钓鱼邮件

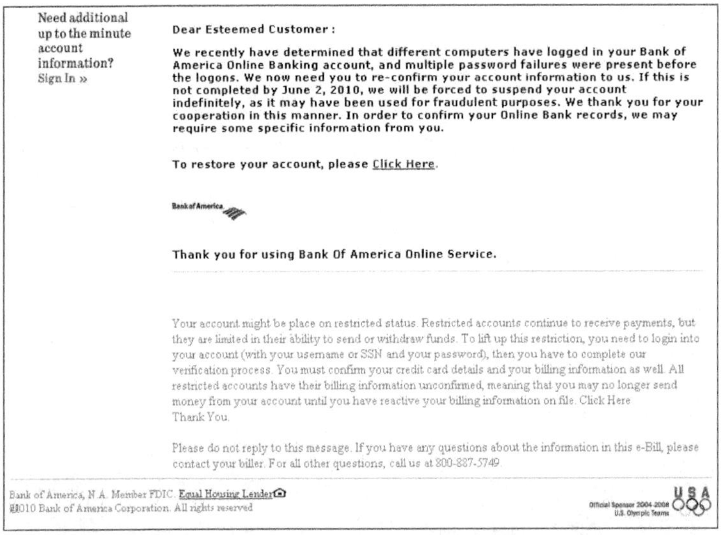

Need additional up to the minute account information?
Sign In »

Dear Esteemed Customer :

We recently have determined that different computers have logged in your Bank of America Online Banking account, and multiple password failures were present before the logons. We now need you to re-confirm your account information to us. If this is not completed by June 2, 2010, we will be forced to suspend your account indefinitely, as it may have been used for fraudulent purposes. We thank you for your cooperation in this manner. In order to confirm your Online Bank records, we may require some specific information from you.

To restore your account, please Click Here.

Bank of America

Thank you for using Bank Of America Online Service.

Your account might be place on restricted status. Restricted accounts continue to receive payments, but they are limited in their ability to send or withdraw funds. To lift up this restriction, you need to login into your account (with your username or SSN and your password), then you have to complete our verification process. You must confirm your credit card details and your billing information as well. All restricted accounts have their billing information unconfirmed, meaning that you may no longer send money from your account until you have reactive your billing information on file. Click Here
Thank You.

Please do not reply to this message. If you have any questions about the information in this e-Bill, please contact your biller. For all other questions, call us at 800-887-5749.

Bank of America, N.A. Member FDIC. Equal Housing Lender
©2010 Bank of America Corporation. All rights reserved

Official Sponsor 2004-2008 U.S. Olympic Teams　USA

图 1-5　伪装成美国银行（Bank of America）邮件的钓鱼邮件

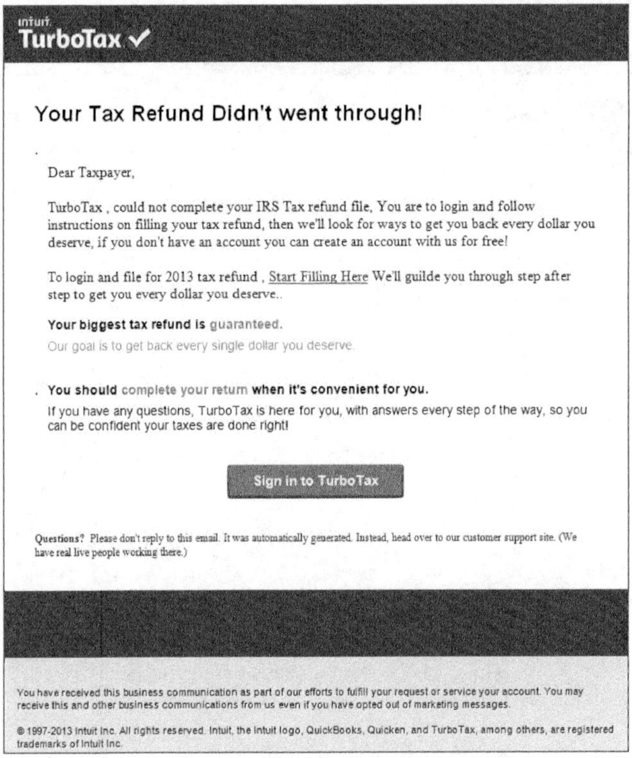

intuit TurboTax ✓

Your Tax Refund Didn't went through!

Dear Taxpayer,

TurboTax , could not complete your IRS Tax refund file, You are to login and follow instructions on filling your tax refund, then we'll look for ways to get you back every dollar you deserve, if you don't have an account you can create an account with us for free!

To login and file for 2013 tax refund , Start Filling Here We'll guilde you through step after step to get you every dollar you deserve..

Your biggest tax refund is guaranteed.

Our goal is to get back every single dollar you deserve.

You should complete your return when it's convenient for you.

If you have any questions, TurboTax is here for you, with answers every step of the way, so you can be confident your taxes are done right!

Sign in to TurboTax

Questions? Please don't reply to this email. It was automatically generated. Instead, head over to our customer support site. (We have real live people working there.)

You have received this business communication as part of our efforts to fulfill your request or service your account. You may receive this and other business communications from us even if you have opted out of marketing messages.

© 1997-2013 Intuit Inc. All rights reserved. Intuit, the Intuit logo, QuickBooks, Quicken, and TurboTax, among others, are registered trademarks of Intuit Inc.

图 1-6　伪装成要求申报纳税邮件的钓鱼邮件

图 1-7　伪装成贝宝公司（Paypal）邮件的钓鱼邮件

尽管这些钓鱼骗局手段更高明，但是仍然有一些蛛丝马迹可以让人判断它们是假的。

❑ 问候语通常是模糊的，难道银行不知道客户的名字吗？"尊贵的客户"不算。

❑ 拼写、语法和大写字母方面的问题，尽管比之前的好，但是仍然有一些奇怪的地方。

❑ 用于验证的链接指向的网址并不属于所谓的发件人。

❑ 使用紧迫的语气（"请立即回复，否则您的账户将被冻结"）。

这些邮件主要通过利用人们恐惧或焦虑的心理来迫使其采取行动。任何威胁到金钱的事情都是可怕的。实际上，本节中大多数例子都有很多共性，特别是让人们采取行动的方法。

❑ 利用权威。这是一条影响原则，第 3 章会详细谈到。人基本上是社会动物，我们都会对不同形式的权威做出反应。

❑ 时间限制。邮件中说你的账户会在 48 小时后销户！这种话的确增加了紧张感。出于我们的生存本能，任何对获取资源的限制都会让我们感受到威胁。

❑ 可能的危害。想到你的银行账户被检测到异常行为，可能是某些不法分子正在试探你的账户，这一点确实让人害怕。毕竟唯一应该在我金币附近徘徊的人是我——也可能是史矛革。

2. 社交媒体威胁

另外一个你可能见过的常见主题是通过社交媒体进行的网络钓鱼。社交媒体的核心当
然就是交际，因此如果你使用的社交媒体服务用邮件通知你有新的好友请求或者要求
你点击某个链接，那么你通常不会怀疑。一般而言，这类邮件和金融类邮件的难度等
级差不多，也可以通过相同的细节来进行识别。然而在我看来，这类邮件反而更容易
让你中招，因为你既然加入了社交媒体，那么收到一些邀请就是很正常的，更重要的
是，也是你期盼的。另外，这类邮件可能不会像银行邮件那样引起你的警觉，这会降
低你的防范意识。

和金融服务钓鱼一样，这类邮件有时候也会利用恐惧来驱使某类行为，如图 1-8 所示。

图 1-8 伪装成 YouTube 邮件的钓鱼邮件

恐惧是普遍的行为激发因素，但是失去社交媒体账号不只是紧要的事件，而且很不方
便（对大多数人来说）。然而，社交媒体鼓励用户参与和相互联系，所以也给了攻击
者其他的可乘之机。这些攻击也依赖于人们的责任感。社交媒体网站通过人们的相互

联系而发展壮大，它们让参与社交变得有趣，让你成为某个小组的一员。钓鱼攻击者也使用相同的把戏。很多人点击链接是因为他们不想因为拒绝他人的好友请求而伤害他们的感情，或者他们不想因为不回应而显得粗鲁——即使是对他们不认识的人（见图 1-9 和图 1-10）。

图 1-9　伪装成 Facebook 邮件的钓鱼邮件

图 1-10　伪装成 LinkedIn 邮件的钓鱼邮件

说明　小时候，我也有某种虚拟的关系，那就是我的女笔友。我清楚地记得，那时候虚拟关系的建立不像今天这样迅速直接。社交媒体对我来说依旧是一个有趣的东西。它为人们提供了一种简单快速的结交朋友的方式，不再局限于传统的社交圈和职场圈。不幸的是，这也导致了那些愿意结交朋友和扩大社交网络的人特别容易受到钓鱼攻击。从这一点来说，做个"与世隔绝"的人要安全得多。就在此刻，我的账户里大约有34个邀请（并非钓鱼）等待我处理。也许我应该尽快处理它们，否则人们可能会认为我不需要朋友。

3. 公共事件诈骗

最后一类你可能见过的钓鱼欺诈真是令人发指。骗子在一起公共事件发生后直接进行钓鱼攻击，例如自然灾害、飞机坠毁或者恐怖袭击——基本上任何受到大量媒体关注的事情，同时也是大多数人重点关注的事情。他们利用了我们自然产生的恐惧、好奇和同情。用挑剔的眼光来看，这些攻击大都处于中级水平。它们包含了明显的非法标志。尽管如此，有些人很容易成为这类钓鱼攻击的受害者，因为他们仅凭情绪反应来处理这些事件。怎样让人们不经大脑就做出决定？激起强烈的情绪。第2章会讨论这种叫作"杏仁核劫持"（amygdala hijacking）的有趣现象。

在塔吉特公司宣布其系统漏洞后的 24 小时内，骗子就开始利用人们对于个人身份信息和财务状况的担忧心理。在已知的至少 12 种欺诈方法中，有一种是给塔吉特公司的顾客发邮件解释这件事，然后表示可以提供免费的信用卡监控服务。这种钓鱼攻击对任何人来说都很难识别，因为这封邮件就是塔吉特公司邮件的克隆版，如图 1-11 所示。你可能不得不检查发件人的邮件地址或者邮件中的链接来辨别真假。另外一点使得这封邮件非常具有欺骗性：真正的塔吉特公司邮件的发送者是 TargetNew@target.bfi0.com，这个地址无论是谁都会觉得可疑。在迷惑和恐惧的影响下，塔吉特公司漏洞事件确实被坏人滥用了。

显然有塔吉特账户的人最容易受到这类欺诈。塔吉特公司是一家规模庞大的零售商，它的漏洞足以让每个人紧张不已。难道有人从未在塔吉特买过东西吗？

Dear Target Guest,

As you may have heard or read, Target learned in mid-December that criminals forced their way into our systems and took guest information, including debit and credit card data. Late last week, as part of our ongoing investigation, we learned that additional information, including name, mailing address, phone number or email address, was also taken. I am writing to make you aware that your name, mailing address, phone number or email address may have been taken during the intrusion.

I am truly sorry this incident occurred and sincerely regret any inconvenience it may cause you. Because we value you as a guest and your trust is important to us, Target is offering one year of free credit monitoring to all Target guests who shopped in U.S. stores, through Experian's® ProtectMyID® product which includes identity theft insurance where available. To receive your unique activation code for this service, please go to ▓▓▓▓▓▓▓▓▓▓▓▓▓▓ and register before April 23, 2014. Activation codes must be redeemed by April 30, 2014.

In addition, to guard against possible scams, always be cautious about sharing personal information, such as Social Security numbers, passwords, user IDs and financial account information. Here are some tips that will help protect you:

- Never share information with anyone over the phone, email or text, even if they claim to be someone you know or do business with. Instead, ask for a call-back number.
- Delete texts immediately from numbers or names you don't recognize.
- Be wary of emails that ask for money or send you to suspicious websites. Don't click links within emails you don't recognize.

Target's email communication regarding this incident will never ask you to provide personal or sensitive information.

Thank you for your patience and loyalty to Target. You can find additional information and FAQs about this incident at our ▓▓▓▓▓▓▓▓▓▓ website. If you have further questions, you may call us at 866-852-8680.

Gregg Steinhafel

Gregg Steinhafel

Chairman, President and CEO

图 1-11　是真的邮件还是钓鱼邮件

我和克里斯在这里谈这些并不是为了评判这件事，而是想要通过这件事来给大家提个醒。这种公共事件欺诈的灾后变体无疑是非常可怕的。这些钓鱼邮件并没有进行恐吓（这样已经很坏了），而是利用了你和其他人的关系。在波士顿马拉松爆炸案发生后的几小时内，骗子就开始行动了。很多钓鱼邮件只是简单地提供了一个似乎是指向爆炸视频的链接。它们利用人们天生的好奇心，而这些链接实际指向了一些会下载恶意软件的网站。此类钓鱼攻击的变种之一如图 1-12 所示，是一封伪造的来自 CNN 的邮件，它利用了人们对权威的盲从和天生的好奇心。

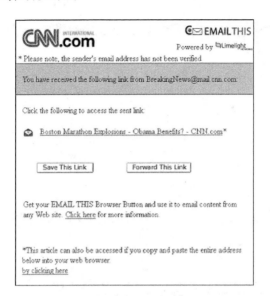

图 1-12　波士顿马拉松钓鱼邮件的变种

最糟糕的是那些利用了人们想要帮助他人的愿望的钓鱼攻击。在悲剧事件发生后的几小时内，骗子会发送一些请求帮助的邮件。图 1-13 展示了一封在 2011 年日本发生海啸和地震后流传的邮件。报道指出，这类诈骗在第一次地震发生 3 小时后就开始出现了。

图 1-13　日本海啸期间流传的钓鱼邮件

很容易判断图 1-13 中的邮件是一封钓鱼邮件，因为红十字会是直接通过它的网站接受募捐的，而不是通过像 MoneyBookers 这样的服务给一个雅虎邮箱汇款。但是在这次令人悲伤的公共事件后，又有很多人迫切地想要帮助其他人，于是不幸被骗。这类通过灾难进行的欺诈会通过打电话甚至是上门恳求的方式来使得他们的表现更逼真一些。

4. 网络钓鱼小结

总结一下本节的内容，现实中的网络钓鱼有很多不同的形式，但是有一些共同的主题：

❑ 尼日利亚 419 骗局（提前预支费用或者窃取身份信息的变种）
❑ 金融/支付服务
❑ 社交媒体
❑ 利用公共事件

这个列表实际上还可以扩展，可以包括任何能进行在线沟通的实体［想想 eBay、Netflix、软件升级和 USPS（美国邮政）］。大多数钓鱼欺诈都可以归类为初级至中级难度，并且它们都有很多共性。举例来说，它们都用到了下面这些要素来迫使人们采取行动：

❑ 贪婪
❑ 恐惧
❑ 敬畏权威
❑ 渴望交流
❑ 好奇
❑ 同情

大多数网络钓鱼都有一些特征可供判断。然而，随着钓鱼攻击的手段变得高明，很多特征正在变得不明显：

❑ 含糊的称呼/签名
❑ 未知的/令人怀疑的发送者
❑ 未知的/令人怀疑的网址链接
❑ 错别字，以及语法、拼写和标点符号错误
❑ 不合情理的借口（特别是 419 骗局）

❑ 急迫的语气

1.3.3　更强大的钓鱼手段

你是不是觉得自己像是在用消防水带喝水？信息量大得要将你淹没。人们用来窃取信息的手段之巧妙和过程之离奇真是让人难以招架。更糟的是，前面的例子只是涉及了最基本的钓鱼攻击方式，还有更复杂（和令人沮丧）的方式。

我和克里斯把这些攻击方式按难度分类，是为了帮助客户理解他们所看到的东西，也是为了追踪客户的进步——能够识别越来越复杂的钓鱼攻击。第 6 章将会详细描述那些复杂的钓鱼攻击。

1. 中级钓鱼攻击

你看到的例子大都是初中级难度，但是也有一些例子介于中级和高级之间。例如，塔吉特公司例子中的邮件是真的，只是链接指向了恶意网站。让我们对这些棘手的情况进行一些更深入的分析。

第一个例子是另外一起银行钓鱼欺诈事件，如图 1-14 所示。

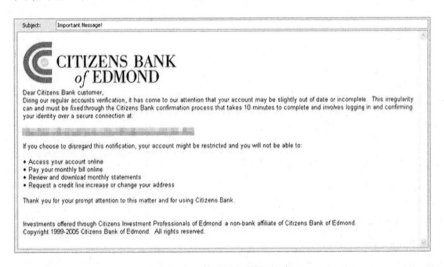

图 1-14　中级银行钓鱼攻击

让我们先谈谈骗子高明的部分。哪些因素可能会导致人们点击邮件中的链接呢？

❑ 银行商标。你可能早就注意到了这一点，但是很多比较高明的钓鱼攻击都会插入真正的商标和图片，这使得它们看起来更正规。因为我们已经习惯了各个公司给我们发邮件时显示的公司商标，所以加入商标是掩饰恶意信息并让我们放松警惕的一种方法。

❑ 利用恐惧/紧张心理。邮件声称如果你不采取行动，你的账户就可能会被冻结。

❑ 使用急迫语气。尽管这种信息不会规定你采取行动的时间，但是你也会被驱使迅速采取行动。

基于到目前已经谈到的那些问题，我希望你能够轻松地识别图 1-14 中提到的钓鱼攻击。抓住要点了吗？

❑ 没有个人化的问候。

❑ 发送者无从识别。

❑ 奇怪的语法，包括看上去不自然的主题。

❑ 链接重定向。如果你对链接进行调查，很可能会发现它并不是指向真正的银行站点（举例来说，不是访问 www.citizensedmond.com，而是访问 www.unknownand-likelyillegitimateperson.com）。

警告　这里"调查"的意思是指把鼠标悬停在链接上，这样你就可以看到真实的网络链接了。除非你是安全专家或者你的电脑防护性能很好，否则不要点击链接或者复制网址到浏览器地址栏中来访问它。

表面上看，图 1-15 中所展示的例子很像前面的银行邮件，但是有几个因素使得人们更难识别出它是一封欺诈性邮件。仔细看看这封邮件，然后思考一下。

仔细观察这封邮件后，你可能会捕捉到一些更为复杂的细节，这些细节使得图 1-15 中的钓鱼比普通的钓鱼攻击更高明。

❑ 更个人化的问候。这封邮件很显然是发给具体的某个人的，邮件中谈到了那个人的公司。尽管没有使用图片或者商标，但是 BBB（Better Business Bureau）公司本身是一家知名机构。

❑ 更好地利用了恐惧/紧张心理。这是一封投诉邮件，来自 BBB 公司，特别提到了合同的事以及公司并没有回复投诉者的事。这些足够让一个公司所有者大吃一惊。

❏ **利用权威。**邮件中谈到了参考编号、案件编号、OMB（美国预算管理局）号码，看起来非常正式。

```
From: Better Business Bureau [mailto:seatac@bbb.org]
Sent: Monday, April 12, 2010 10:43 AM
To: [Redacted]
Subject: BBB Complaint Case #844383171 (Ref #93-3469167-57423037-6-169)
```

BBB CASE #866101237

Complaint filed by:	Jason Harlow
Complaint filed against:	Business Name:[Business Name Redacted] Contact:[Contact Name Redacted] BBB Member:YES
Complaint status:	Open
Category:	Contract Issues
Case opened date:	04/09/2010
Case closed date:	Pending

<u>Please click here to access the complaint</u>

On April 9th 2010, the consumer provided the following information: (The consumer indicated he/she DID NOT received any response from the business.)

The form you used to register this complaint is designed to improve public access to the Better Business Bureau of Consumer Protection Consumer Response Center, and is voluntary. Through this form, consumers may electronically register a complaint with the BBB.Under the Paperwork Reduction Act, as amended, an agency may not conduct or sponsor, and a person is not required to respond to, a collection of information unless it displays a currently valid OMB control number. That number is 235-677.

© 2010 US.BBB.org, All Rights Reserved.

图 1-15 中级钓鱼攻击：伪装成 BBB 公司邮件的钓鱼邮件

❏ **邮件地址。**发件者的邮箱看起来可信，因为看起来是来自 @bbb.org 域名的。

幸运的是，这封邮件仍然有一些漏洞，你注意到了吗？

❏ 邮件主题中的案件编号和邮件正文中的案件编号并不相同。
❏ 没有发件者的身份信息。虽然邮件来自 BBB 公司，但是你可能会想到这种事应该有专人负责联系你。
❏ 同样，如果调查邮件中链接到投诉信息的链接，会发现它并不指向 BBB 公司所拥有的域名。
❏ 仍然有轻微的语法错误。
❏ 我查了一下，BBB 公司并没有消费者权益部门。

2. 高级钓鱼攻击

是时候看一些更难识别的例子了。图 1-16 所示的是高级钓鱼攻击的例子。不像图 1-10

中 LinkedIn 的邮件，这封邮件更狡猾、更难识别。我怀疑这是一封邀请你与其他人关联的克隆邮件，就像图 1-11 中塔吉特公司的那封邮件一样。

图 1-16　高级钓鱼攻击：伪装成 LinkedIn 公司邮件的钓鱼邮件

这封邮件为什么有效？

❑ 它发自一个"真实"的人。因为他有 LinkedIn 账户，所以他肯定是真的，不是吗？

❑ LinkedIn 是社交媒体，所以你会期待有陌生人来邀请你。

❑ 邮件中有 LinkedIn 的商标，而且它和你之前收到的邀请邮件一样。

的确，图 1-16 中的钓鱼攻击做得很好。如果这是一封克隆邮件，那么它就不会在语言、格式或者商标上存在问题，所以你需要做更多的调查。

❑ 检查链接，看它们指向哪里。（再次提醒，检查并不是点击！）

❑ 确认发件人的邮箱地址是否与想要关联你的 LinkedIn 账户邮件地址一样。（要有批判性思维。）

❑ 如果你仍然不放心，那就忽略这封邮件，登录你的 LinkedIn 账户看看是否有邀请请求。

图 1-17 展示的是我的一位朋友收到的一封邮件。他收到 AT&T（美国电话电报公司）的邮件是很寻常的一件事，因为他是 AT&T 的手机用户。幸运的是，他是极其注意安全的一类人，想在回复这封邮件之前仔细检查一下。我十分确信这是一次高级钓鱼攻击。

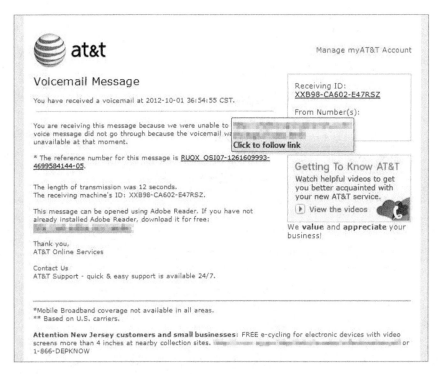

图 1-17　高级钓鱼攻击：伪装成 AT&T 邮件的钓鱼邮件

我不知道图 1-17 中的那封邮件是否是 AT&T 公司邮件的克隆；如果不是，那么这封邮件的确很逼真。它会让大部分普通用户信以为真，原因如下。

❑ 使用 AT&T 的商标、颜色和图片。
❑ 没有明显的语法、拼写和标点符号问题。
❑ 以语音邮箱无法访问为借口，会让大部分人立即采取行动。

那么是什么让我的朋友避开了这次钓鱼攻击呢？

❑ 他花了一点时间才意识到他收到这封邮件的邮箱并不是与 AT&T 绑定的邮箱，这一点真是帮了他一把。

❑ 这封邮件没有个人问候。

❑ 邮件地址包含了一个恶意网址。我的朋友检查了所有的链接，发现了一件有趣的事情。整个邮件中除了一个网址是恶意的以外，其余的都是正常的网址。如果不是他非常彻底地检查了邮件，那么这看起来就像是一封真的邮件。

显然 AT&T 这封钓鱼邮件很难识别，因为它确实通过了基础的嗅探测试。幸运的是，我的朋友从来不通过邮件中的链接访问任何账户。希望你读完本书之后，至少能反思一下自己收发邮件的习惯。

1.3.4　鱼叉式网络钓鱼

在本章的最后，让我们谈谈鱼叉式网络钓鱼攻击。这是一种针对特定目标进行个人定制的钓鱼攻击。攻击者会花时间了解你，至少知道你的姓名和邮箱地址。他对你的了解会依据你的重要程度而定。通过搜索引擎，他可以在社交媒体上找到你的账户、网站，或者任何你在网上参与过的内容。如果你真的很重要，那么他可能会知道你的兴趣爱好和拥有的资产，甚至可能了解你的家庭情况。我跑题了，下面继续讨论网络钓鱼。

令人毛骨悚然的是，这种程度的调查可以制造出让人难以抵御的钓鱼攻击。一个非常想要从你手中拿走某些东西的攻击者会不择手段。这些都是鱼叉式网络钓鱼的核心，它是个人定制的。

图 1-18 是一起最近发生的鱼叉式网络钓鱼，它针对的是高层管理人员。你能想象你的邮箱收到一封这样的邮件吗？

让我们来分析图 1-18 中的这封邮件，看看是什么让这封邮件充满说服力？

❑ 邮件中使用了美国地方法院的徽标。

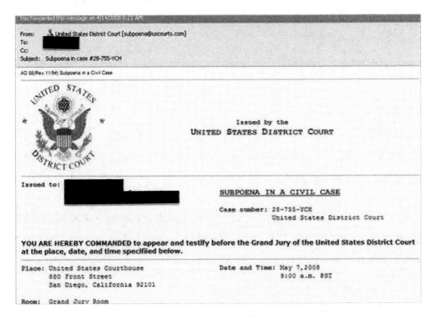

图 1-18　鱼叉式网络钓鱼

❑ 邮件利用了恐惧和对权威的敬畏。有人曾经因为被传唤或者被命令出席审判而高兴吗？

❑ 个人化程度高，有全名、邮件地址、公司和电话号码。

❑ 邮件中包含了时间限制，有出席的时间以及不出席的后果。

❑ 没有任何明显的拼写或者语法错误。

❑ 发送者看起来似乎可信：subpoena@uscourts.com。

说实话，我认为对任何人来说这封邮件都很难判断真假。下面是我能找到的两个漏洞。

❑ 链接到传票的网站是恶意网站。这个例子中，它链接到了一个下载密码记录软件的网站。

❑ 发件人的邮件地址是@uscourts.com，看起来可信，但是实际上所有的法院邮箱地址都在顶级域名.gov 下。

就是这样，你有两个机会判断出这封给你带来压力和紧张的邮件是假的。再次强调，除非你有一个根深蒂固的好习惯，否则你就会中招。

1.4 总结

现在你已经初步了解了网络钓鱼的世界。在本章中，你应该知道下面这些要点：

- ❏ 网络钓鱼的定义
- ❏ 常见的目标/攻击者
- ❏ 网络钓鱼的理由
- ❏ 骗子所使用的技术
- ❏ 利用网络钓鱼攻击的公共事件诈骗示例
- ❏ 日常生活中常见的网络钓鱼
- ❏ 难度概览

我希望你对网络钓鱼有了更深入的了解：它的定义、范围，以及为什么对所有人来说它都是一个越来越严重的问题。

让我用一些冷冰冰的数字来总结一下本章。从 2012 年 5 月到 2013 年 4 月的短短几个月内，有超过 3700 万用户声称遭受了钓鱼攻击。这还只是来自一个消息来源，是我们碰巧知道的部分。据估计，每天大约有 3000 亿封电子邮件被发送，其中 90% 是垃圾邮件和病毒邮件。这些数字肯定让你大吃一惊。它们确实也说明了一件事：如果你有电子邮箱，那么你总有一天会收到钓鱼邮件。

放轻松点儿，因为我们从这里开始要深入黑暗水域了。网络钓鱼并不只是关于你点击了什么，而是关于你为什么会点击它。让我们深入人类操作系统，看看是什么让它叮咚作响。听起来很有趣吧？让我们出发吧。

第 2 章
决策背后的心理学原则

"我立刻就后悔做这个决定了！"

——朗·伯甘蒂（Ron Burgendy，跳入圣地亚哥
动物园的熊池后），《王牌播音员》

本章将会探究一些关于决策的问题。为什么我们在明知结果注定不妙时，还是会做某些事？其他人经历或者观察到了什么，导致他们做出了和你不一样的决定？

有一个至今仍让我觉得好笑的和决策有关的故事。我 17 岁开始在军事学校念大学。这是一个不鼓励面带微笑的地方，也是一个你永远不用考虑穿什么的地方——指导员每天早上会让你知道的。上课、吃饭和其他活动都必须服从指令。大一时，我很幸运地被选中参加一场在怀俄明大学举办的足球赛。新兵被要求时刻穿着制服，而在出校时，我们得换上一套被称为军便服的特殊制服。这是一套更为正式的制服，包含夹克和鸭舌帽，就像在包含敌方威胁和安全掩体的电影中军人的装备一样。

当我们进入体育场，看着排列得井然有序的座位时，我意识到几个问题。

❑ 今天阳光明媚——感觉像有几千摄氏度——我们要在整场比赛中一直穿着军便服。

❑ 当我笔直地坐在看台上的时候，后背汗水直流。我注意到对面看台上挤满了留着长发的年轻人，他们（在我看来）与我们相比就像没穿衣服一样。他们跳舞、吵架、唱歌、吸烟，还把啤酒瓶到处乱扔。

我很清楚地记得我当时心里想的是："该死，我做了一个错误的决定。"

然而几十年过去了，我很高兴我选了那条路。17岁时，我每天都为自己所做的决定而感到后悔，但是现在看来在军事学校就读其实是一个很好的决定。

我讲这个故事是为了说明几个问题，你应该在阅读这一章的时候思考一下。

- ❑ 决策的好坏并不总是与我们对这个决策本身是否感到满意有关。
- ❑ 决策包含了一系列因素，如我们的看法和情绪。
- ❑ 我们每天都在做出或大或小的决策，即使在并不具备所需的全部相关信息的情况下。
- ❑ 我们不假思索地、频繁地做出这些或大或小的决策。（最后这一点是钓鱼攻击者最喜欢的。）

2.1　决策：观滴水可知沧海

决策无疑是一种特权，但也可能是一件可怕而充满压力的事情。极少数特殊的情况下，你才能清楚地知道你的决策正确与否。我们喜欢通过权衡轻重的方式来思考问题，并会清醒地考虑可能的后果。（举例来说，你有一个很好的理由购买一辆肌肉车而不是混合动力车，不是吗？）但是你知道情况并非总是如此。

尽管我们每天会做出很多大大小小的决策，但决策实际上是一个非常复杂的认知过程，它是很多研究的主题。有适用于心理学、体育、商业、经济学、政治学等的决策模型和理论。

我并不是想试着让你成为一个决策专家，但我要为你介绍一些概念供你思考。我并没有囊括所有已经完成的或者正在进行的优秀的研究，权当入门吧。

即使只是进行一个粗略的检查，也可以发现有很多因素会影响决策的过程和结果。在阅读下面的内容并感到绝望之前，请记住，人类（还有其他物种）的很多怪癖都归结于一个原因：生存。本章中谈到的很多因素都增加了生存的可能性，无论是鼓励我们快速思考，还是在情况危急时冒更大的风险。虽然我们中的大多数不再靠牙齿和爪子生存，但是我们依然会为了生存而做出适应和调整。

2.1.1 认知偏差

我有认知偏差，你也有，实际上我们都有。不过不必担心，这是正常的。认知偏差是一种思维定势，通常源于过去的经验。有时候认知偏差是好的，因为它使你更快或者更好地做出决定。然而很多时候它也会导致错误决策，因为认知偏差会妨碍你获取所有可用的信息。

如果人类是真正理性的决策者，那么不管情况如何，我们都应该会基于事实做出相同的决定。但事实并非如此。一个经典的例子是，20%是肥肉的肉和80%是瘦肉的肉（见图 2-1），你会买哪种？

图 2-1 你会买哪种肉

20%肥肉含量和80%瘦肉含量的意义是完全一样的，但在美国，绝大多数人会选择第一种。（此处特指美国，因为在其他一些国家，肉类是按脂肪的含量来销售的。）框架效应（framing effect）就是一种认知偏差，它指的是你的反应取决于当时的情形，或者说你的反应依赖于语境。

我和丈夫常常访问一个网页，它所使用的壁纸是有趣而独特的图片。这个网页上有一张照片是由一系列垂直排列、参差不齐的彩色的点构成的——鲜艳的绿色、蓝色、橙色、红色和紫色。我们一开始以为这是一幅不太好的抽象画。但在仔细观察之后我们发现，这其实是彩虹桉树树皮的近距离拍摄的照片。我们本来感觉有些无聊和失望，顷刻间变得欣喜起来，仅仅因为语境（上下文）变了。壁纸本身没有发生变化，但是我们的反应却因为语境的不同而产生了巨大的改变。

另一个总是影响我们决策的认知偏差是可用性启发法（availability heuristic）。这是一条我们用来快速进行决策的捷径，它依赖于我们容易想起来的事物。

举例来说，你认为在美国被自动贩卖机砸死的人多还是死于鲨鱼袭击的人多？大多数人可能会选择鲨鱼袭击，尽管统计结果表明被自动贩卖机砸死的人更多一些。（我知道这个事实，不过是谁搞的这种调查？）无论如何，在刚刚的判断中，导致你犯错误的原因之一就是你能非常轻易地想起新闻故事和电影中鲨鱼袭击人的例子，但是你很少听说有人被自动售货机砸死。如果我们能非常快地想起某些事情，那么我们的大脑会倾向于高估它的频率或者重要性。你可以想象这种倾向对于决策所造成的灾难性后果。

最后一个值得一提的认知偏差是确认偏误（confirmation bias）。这是说你倾向于寻找支持你的观点的信息，或者按照支持你的观点的方式来解读信息。举例来说，也许你认为杜宾犬是一种危险、好斗的狗（见图 2-2），那么如果你在公园看到一只杜宾犬在叫，可能会认为它充满敌意而不是在嬉闹。回家后，你可能会上网搜索"杜宾犬伤人事件"而不是"杜宾犬救婴儿事件"，甚至搜索更粗略的"狗伤人数据"。

图 2-2　这只狗是在笑还是准备咬人

显然，确实有一些杜宾犬性情暴躁，但是并不是所有的杜宾犬都是这样。但是你可以看到，如果你没有意识到你可能并没有考虑到所有的信息，例如杜宾犬其实像大号的、有臭味的婴儿，认知偏差是如何影响准确判断的。（是的，显然我的这一想法也有个人认知系统在起作用。）

2.1.2　生理状态

你困了吗？饿了吗？需要去洗手间吗？身体状态会对你的决策质量产生影响。

研究人员发现，一夜未眠会导致做出更冒险的决策。[①]他们发现，大脑中负责乐观态度的部分会更活跃，同时负责计算可能的负面结果的部分的活动减少了。这意味着当我们疲惫的时候，会高估我们成功的可能性。

拉斯维加斯赌场已经利用这一点相当长一段时间了。借助明亮的灯光和衣着性感的鸡尾酒女招待，以及几乎没有时钟和窗户的房间，赌场让你长时间沉迷于赌博中而不知夜晚早已流逝。

你曾经有过快要饿疯了的感觉吗？克里斯非常清楚我很饿时会发生什么。当我们一起工作的时候，他每隔 20 分钟就会给我买一些含糖的饮料和食物。但饥饿不仅会让你情绪失控，还会导致冒险行为。

很多对人类和动物的研究确认：随着饥饿程度的增加，冒险的决策也会增加。[②]从生存的角度而言，这说得通。事实上，饥饿是一种威胁（并非仅仅是克里斯眼中我血糖降低时的一个显式行为）。由于生存机制是天生的，当缺乏食物关系到生死存亡时，我们对饥饿的反应与我们的祖先是一样的。

最后，你记得你上次不得不去洗手间是什么时候吗？我的意思是，你必须要去了。你记得你集中注意力努力憋住时的感觉吗？水流的声音都是一种折磨。如果你在车上，那么每次微小的颠簸都像是即将到来的末日一样。

米利安·图克和他的同事做过一个有趣的研究，似乎支持了这样一个理论：你在抑制自己不在附近的灌木丛里"解决"时所用到的自我控制"溢出"到了决策中。[③]换言之，控制去洗手间的冲动使得你更好地控制不相关领域的冲动。

[①] Vinod Venkatraman, Scott A. Huettel, Lisa Y. M. Chuah, John W. Payne, and Michael W. L. Chee, "Sleep Deprivation Biases the Neural Mechanisms Underlying Economic Preferences," *The Journal of Neuroscience*, March 9, 2011.

[②] Mkael Symmonds, Julian J. Emmanuel, Megan E. Drew, Rachel L. Batterham, and Raymond J. Dolan, "Metabolic State Alters Economic Decision Making Under Risk in Humans," June 16, 2010.

[③] Mirjam A. Tuk, Debra Trampe, and Luk Warlop, "Inhibitory Spillover: Increased Urination Urgency Facilitates Impulse Control in Unrelated Domains," 2010.

一个价值百万美元的问题是："当你饿了、想要小便或者一夜未眠的时候会发生什么？"我不知道答案，但是研究表明：如果你吃饱了、去了厕所并小憩一下，那么你的反应可能会和之前有所不同。

2.1.3　外部因素

如果不考虑我们所处的外部环境，那么关于驱使我们选择的因素的讨论是不完整的。外部环境包括我们周围的物质环境与身在其中的人。

像温度和环境光这些因素不一定会直接影响我们选择鸡肉还是汉堡。与此类似，我不能通过调整恒温器来迫使你点击钓鱼链接。我想说的是，研究表明环境可以影响或者加强我们对情景的感觉。

某种程度上，体温和人际关系融洽、信任以及慷慨的行为都有关。在"体温影响信任行为：脑岛的作用"这篇论文中，姜允儿等人发现，短时间的温暖或寒冷的刺激，会导致人们在信任游戏中做出不同的选择。大脑中有一块特定区域同时负责温度感知和信任选择。[1]劳伦斯·威廉姆斯和约翰·巴奇在"体温升高促进了人际关系升温"中也有类似的发现。[2]然而在其他研究中，酷热则常常与愤怒、好斗以及决策受损有关。[3]想想在大热天想要导航到奥兰多的某个度假胜地时那噩梦般的场景吧，那可真算不上是美好的体验。

虽然我们倾向于把明媚的日子与好心情联系起来，但是徐静和阿帕娜·莱布罗最近的一项研究表明，较高的环境亮度只是简单地放大了我们的感受，反之亦然。[4]所以如果你心情不错，那么一间明亮的屋子会使你感觉更好；但是如果你很悲伤或者生气，那么同等亮度会使你感觉更糟。

---

① Yoona Kang, Lawrence E. Williams, Margaret S. Clark, Jeremy R. Gray, and John A. Bargh, "Physical Temperature Effects on Trust Behavior: The Role of Insula," August 27, 2010.

② Lawrence E. Williams and John A. Bargh, "Experiencing Physical Warmth Promotes Interpersonal Warmth," September 3, 2009.

③ John Simister, "Links Between Violence and High Temperature," 2008; Amar Cheema and Vanessa M. Patrick, "Influence of Warm Versus Cool Temperatures on Consumer Choice: A Resource Depletion Account," May 1, 2012.

④ Science Daily, "The Way a Room Is Lit Can Affect the Way You Make Decisions," February 20, 2014.

最后，行为是会传染的。由于我们是社会动物，周围的人对我们的选择有巨大的影响，我们通常称其为同伴压力、从众与服从。无论怎么称呼，人类有一种服从别人的倾向，尤其是在特定的情况下。早在 1951 年，所罗门·阿施博士便对"群体压力对判断的调整及扭曲"这一课题进行了开创性的研究。[①]在那之后的几十年内，大量有趣的研究一次又一次地表明社会环境确实对我们有影响。

其中一个会影响我们的因素是形势的不确定性。如果我在吧台点了一份三明治，并让人给我送过来，那么我该付小费吗？我不确定。但是吧台上的一个用来收小费的罐子提醒了我。服务行业的人都知道，放小费罐子可以鼓励人们付小费。

另一个会影响决策的因素是群体的大小、地位和一致性。例如，每个人都会付小费吗？付小费的是电影明星或 VIP，还是普通人？

我想大多数人在面临选择时都不会觉得自己是一头愚蠢的绵羊，但也许当你回想不太远的过去时，就不会这么想了。历史上来说，从众保证了我们的安全。当看到其他人都在逃离那只鬃毛很特别的猫科动物时，也许我也会跟着跑。

2.1.4 决策的底线

希望你现在对什么会影响我们的决策过程有一些了解了。我们并非想要告诉你所有关于决策的信息和研究成果，使得你成为这个复杂而庞大的领域的专家，毕竟，这是一本关于钓鱼攻击而非行为经济学的书。下面是你从本节中学到的东西。

❑ 我们在决策时并非总是充满理智并富有逻辑，有很多因素影响着我们的决策。
❑ 钓鱼攻击者了解我们是如何决策的，并且试图操纵我们所面临的情况以引导我们做出错误决定。

既然你已经知道了一些会影响我们决策的因素，你就能够利用这些信息来让你自己和公司变得更安全。

---

① Solomon Asch, "Effects of Group Pressure upon the Modification and Distortion of Judgments," 1951.

2.2 当局者迷

每个人在生活中都做出过错误的决定。这一节要讲的正是一些本可以做出更好决定的例子。这些例子事后看来大多很可笑，但在你笑的同时，也请思考一下是什么使得人们犯下决策错误。

心脏滴血漏洞（Heartbleed）可能是 2014 年最大的安全事件之一，几乎影响了互联网上的每个人。大多数人（正常）的反应是小心谨慎或恐慌。但有一位先生却与众不同地把他的密码张贴在《华盛顿日报》的网站上，并宣布其他人可以随意使用。不出所料，有人这么做了。后来他在网上认错，但相比之下更重要的是，他学到了重要的一课。晚上不锁门是一回事，但若告诉所有人你没有锁门，并声称谁要是有本事就去窃取你的东西，那就是另一回事了。

这里提一个问题。如果你打算抢劫一家企业，你会：

A. 用透明的塑料袋遮住你的脸；

B. 用荧光笔涂抹你的脸；

C. 用胶布、巧克力或饼干来遮住你的脸；

D. 以上都不是。

这可不是在开玩笑。不止一起新闻报道过有劫匪使用了上面这些方法来进行反侦察。当然，对我来说，取笑这些人很容易，因为他们最后都被抓了。我认为他们本可以在伪装手段方面做出更好的决策。抢劫中戴上黑色滑雪面具有什么问题吗？它太经典了。

最后再来讲一个关于错误决策的例子。最近有一家商店被盗，被盗商品中有一条非常独特的裙子。这家商店通过社交媒体描述了嫌疑人的特征以及被盗的物品。（对于商店和执法部门而言）非常幸运的是，小偷穿着偷来的裙子在自己的社交账号上发布了一张自拍照作为她的新头像，于是她在三个小时后被捕并记录在案。这件事情告诉我们：如果你要偷东西，那么社交账号可能并不是一个用来炫耀你的成果的好地方。

虽然这些故事很幽默，但是它们都强调了我在本章开始时提到的几个观点。

❑ 决策的质量并不总和我们是否对其满意有关。显然这些例子中的决策都相当离谱。但某种程度上来说，这些人都对自己的决策很满意。

- 决策是很多因素的总和，包括我们的认知和情绪。是什么使得一个人会发布穿着偷来的衣服的自拍照呢？骄傲？感觉没有危险？

- 我们每天都在不具备决策所需的全部相关信息的情况下做出大大小小的决策。例如，那位在《华盛顿日报》网站上发布信息的先生，他可能并没有完全了解事态的严重性。

- 我们频繁且不假思索地做出大大小小的决策。尽管抢劫并非一个无足轻重的决定，但是使用塑料袋来遮挡自己面部的那名罪犯可能并没有深思熟虑自己的犯罪手段。

2.3　钓鱼攻击者是怎样让鱼咬钩的

现在，让我们带着刚刚学到的关于决策的知识回到钓鱼攻击的主题上来。进行钓鱼攻击的人并不一定对人性有着深刻的理解，但是好的钓鱼攻击者确实对于基本的决策过程有所了解。他们知道：如果他们能够激起我们强烈的情绪反应，那么他们将有机会使我们的逻辑思考短路。因此，关键在于如何远距离创造一则有吸引力的消息。

我在第 1 章中提到过在特定的钓鱼攻击主题中利用情绪，但下面的例子对情绪的利用更极端。

图 2-3 中所展示的是一个并不高明的钓鱼攻击的例子，但是它很好地说明了贪婪的吸引力。如果有人把 30 美元递给我，我会要吗？见鬼，当然了。这笔钱已经放在那里了，你不需要谈判或者提出要求，只需要轻轻点一下鼠标。

图 2-3　利用贪婪

图 2-4 展示了一种前段时间在英国流行的钓鱼攻击。英国国家卫生院（National Institute for Health and Care，NICE）是一个真实的医疗机构，因此这封邮件看起来像是一封合法邮件。你很难找到一个不怕被诊断出癌症的人。这种钓鱼攻击比第 1 章中谈到的失去社交账号，甚至比丢失银行账户更让人焦虑。这种钓鱼邮件对人的生命提出质疑，

使人产生了一种非常明确的恐惧感。

NICE National Institute for Health and Care Excellence

We have been sent a sample of your blood analysis for further research. During the complete blood count (CBC) we have revealed that white blood cells is very low, and unfortunately we have a suspicion of cancer.

Wite Blood cells	1200 Low
Hemoglobin	12 Normal
Platelets	19000 Low

We suggest you to print out your CBC test results and interpretations in attachment below and visit your family doctor as soon as possible.

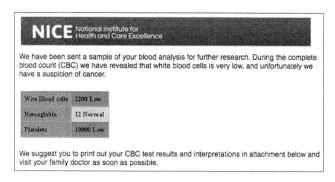

图 2-4 利用恐惧

如图 2-5 所示，钓鱼攻击者在宣告某个熟人死亡的电子邮件中利用了多种情绪，并在邮件中使用过世者的真实姓名和地址。想象一下收到这样一封邮件，你可能会感到恐惧、伤心，还有好奇。这是一封利用情绪的威力强大的钓鱼攻击邮件，并引起了联邦贸易委员会（Federal Trade Commision，FTC）的注意。

For this unprecedented event, we offer our deepest prayers of condolence and invite to you to be present at the celebration of your friends life service on Thursday, January 17, 2014 that will take place at Eubank Funeral Home at 11:00 a.m.

Please find invitation and more detailed information about the farewell ceremony here .

Best wishes and prayers,

Funeral home receptionist,
Lucas Murphy

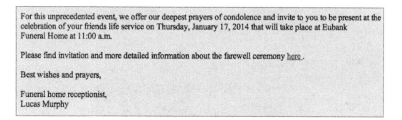

图 2-5 利用恐惧、同情和好奇

最后，谁不渴求爱情（或者至少相似的替代品）呢？除非你很幸运，否则你可能做出了一个与某人有关的糟糕的决定，你对这个人很满意。如图 2-6 所示，网络生活是现实生活的模仿再现。

From: "Russian.Date – frank8071@pierbr.org

Subject: A Beautiful Bride Could Be Yours. 252 girls on now. *******@gmail.com

Username: *******@gmail.com

Password: 44282354

Single women from Russia. Check out profile today for free. Go here->

图 2-6 利用欲望

尽管本节所举的例子不尽相同，但是情绪反应的循环大体相同，我猜测你可能以某种形式经历过这一切。照此说来，当你看到邮件时，你对邮件内容的解读引起了你的情绪波动，而情绪反应引发生理反应，使你血压上升、心跳加快，等等。尽管我们已经经历了长时间的现代化进程，但是我们的身体仍旧对于所有的威胁（即使是情绪上的）都有所回应，仿佛在为生死攸关的斗争做准备一样。

如果这种反应足够强烈，那么它会影响我们批判性思维的能力。如果恰好有前面讨论过的因素起作用（例如认知偏差），那么这些邮件甚至会产生更大的影响。我们会沦为冲动和情绪化行为的牺牲品。图 2-7 所示的是一种恶性循环。这是克里斯非常熟悉的话题，于是我把下一节交给他了。

图 2-7　情绪化决策循环

2.4　杏仁核简介

米歇尔让我在这一节里介绍一下我在上一本书（《社会工程 卷 2：解读肢体语言》）里谈到的一个问题——杏仁核劫持（amygdala hijacking）。在讨论杏仁核劫持之前，让我们来简单了解一下大脑中的一块很神奇的区域——杏仁核。

杏仁核是一团细小的灰色物质，位于下丘脑的下方、海马体的左方（如图 2-8 所示）。尽管它很小，但是它有一项主要的功能：处理所有形式的刺激（视觉、听觉、嗅觉、触觉、味觉），并把这些过程发给大脑的其他部分进行处理。

举个例子，在与尼尔·法伦（Neil Fallon）的一次谈话中，这位 Clutch 乐队的了不起的主唱告诉我，当他想要准备一场演出时，他会拿出一件带有他称为"演出的味道"的衬衫（我不会去探究这是什么意思的）。当他穿上那件衬衫，闻到那种味道时，他的大脑就进入了表演的状态，就像是打开了一个演出模式的开关一样。

你几乎可以想象那个画面：尼尔穿上那件衬衫，衬衫上的味道进入他的鼻子里，杏仁核开始处理这种刺激。于是杏仁核说："哦，我知道这种味道，我该分泌肾上腺激素了。"接着血流开始加快，刺激开始蔓延，尼尔准备登场。

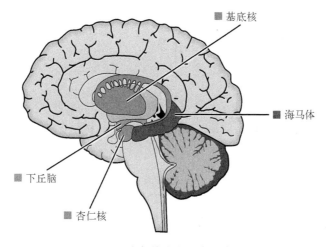

图 2-8 杏仁核在大脑中的位置

令人惊奇的是，在《社会工程 卷 2：解读肢体语言》一书中引用的资料表明，杏仁核处理这些刺激比大脑更快，因此它会触发一种"自动驾驶"的感觉，直到大脑反应过来。

2.4.1 杏仁核劫持

所以，问题来了：除了帮助尼尔准备另一场摇滚表演以外，杏仁核还有什么作用？如果刺激带来的是恐惧、贪婪、欲望或者好奇会怎样？接下来会发生什么？

当杏仁核开始对刺激进行处理时，大脑会紧随其后。如果大脑在变得活跃时能够平衡情感与理智，那么一切都会顺利进行。但是如果杏仁核处理的是一些强烈的感觉和情绪，那么它必须从其他地方获取"力量"，即大脑中负责理性思考的部分。

从本质上来说，杏仁核关闭了理性思维中心。当大脑终于跟上杏仁核处理的进度，但理性思维中心还未开始工作时，谁来处理它的工作呢？没错，答案就是感性思维中心。你上次纯粹靠情感来做决定的时候发生了什么？

这里有一个我自己的例子。少年时期，某一年的二月初，我刚搬到南方，并被邀请参加一次沙滩聚会。因为我是从北方搬过来的，所以并不觉得冷。即使气温处于 7 摄氏度至 10 摄氏度，对我来说也像夏天一样，但是其他南方人都觉得很冷。我的任务是收集木头生火。

随着木头越堆越高，我们点燃了木堆。女孩们从车上下来，围到火堆边坐下。男孩们都去水里嬉闹去了，而我继续在火堆边拨弄它，对一个 15 岁的男孩来说这是一个好位置。

我对此毫无怨言，直到我的朋友马特过来取暖。他跑到他的车那里，拿了一块冲浪板，然后把它扔在我的脚边。他说："你想像个女生一样坐在这儿，还是去和男生们一起玩？"

此刻，理性思维可能会像下面这样运作：

(1) 现在外面 7 摄氏度，他们有潜水服，而我只穿着短裤和 T 恤；
(2) 我来自北方，很少去海滩，从来没有玩过水；
(3) 我从来都没有冲过浪，也许这种风浪很大的时候并不是一个很好的时机；
(4) 我可能会溺水，所以应该说"不"。

任何曾经是 15 岁男孩的人、了解 15 岁男孩的人，或者从书上读过 15 岁男孩的心理的人都可能会猜到事情并非如此。我当时是这么想的：

(1) 漂亮女孩们都在火堆边，我应该呆在那儿，而他只是想让我在漂亮女孩面前出糗；
(2) 我需要保存我自己的颜面，让女孩们看看我男人的一面；
(3) 如果我溺水了，那么至少死得很酷。

于是我抓起冲浪板跳进水里，水温非常低，有 15 分钟左右我的心脏几乎要蹦出来了。我闭上眼使劲划，觉得自己简直已经游到了墨西哥，结果睁开眼时发现离岸也不过 20 英尺远。当我打算抛弃冲浪板改为游泳时，膝盖触碰到了海底。我感觉很尴尬，因为意识到自己处于齐膝深的水中。我决定在水中站立起来，但是随后海浪开始把我和冲浪板往岸边推。不幸的是，虽然我人游了回来，我的短裤却依旧还在离海岸 20 英尺远的地方。

15 岁的我瑟瑟发抖、赤身露体，感觉到彻骨的寒冷（没错，冰冷的海水=糟糕），我不得不在女孩们的指指点点和嘲笑声中做了另一个决定。

我应该找回短裤，带着羞愧开车回家，从此再也不出我的房间吗？不，当然不能。我决定装作没有意识到我的短裤被冲走了的样子，继续游泳。

这一决定导致我又遭受了 20 多分钟的屈辱和痛苦。我几乎溺死在水里，直到马特游过来，把我的短裤扔给我，说："抓住我的裤带，白痴。"然后他拖着瑟瑟发抖的我游回了岸边。

女孩们都在笑，所有人都在笑，当我试着在不沉下去的情况下穿上我的短裤时，我几乎要溺死了。我确定我都能看到大白鲨游过来要吃了我。痛苦、恐惧、尴尬……

最后我学会了只是简单地趴在冲浪板上，不让它从我身下飘走。我瑟瑟发抖、浑身发冷而且焦头烂额，但是我感觉自己似乎是一个真正的冲浪者。然而沉浸在这种学会新东西的感觉中，我并没有意识到自己已经漂远了。我听到人们大喊："游回来，快游回来！"

我转过身，发现所有人似乎都在为我鼓掌和欢呼！我的情绪一下高昂了起来：这是一个挽回我的形象的机会。打向我的浪像房子一样大有关系吗？没关系！我仿佛把我的生命寄托在冲浪板上面一样，我想象着海浪会把我托起，然后我优雅地站在上面，仿佛一个职业冲浪选手一样。但实际上我摔倒在板子上，这直接导致浪花把我拍在了沙滩上。

冲浪板四分五裂，而我摔了个狗啃泥。在摔倒在沙滩上之前，有一刻我还能意识到我的腿从背后弯过来压在我的头上，我忽然在想："等等，我不应该这样摔倒的。"在我像个轮胎般在沙滩上打了几个滚之后，我总算停了下来，短裤再一次从我身上滑了下来，而冲浪板碎成了至少 10 片。

我记得我当时趴在沙地上，感激于我还活着。随后我的思绪被笑声打断，抬头一看，我正巧落在了漂亮女孩们的面前，那一幕真是漫长而讨厌。

马特又一次过来营救我，他从我身边走过，把我的短裤扔到我头上，说："你欠我冲浪板的 75 美元。"

我回家调理瘀伤，这件事最终以我得了肺炎并扭伤了手臂而告终，当然还伴随着那段抹不掉的屈辱回忆。

为什么我要告诉你们我屈辱的过去？这看起来似乎和钓鱼攻击没什么关系。事实上，它包含了钓鱼攻击的一切要素。

在我的那次冒险中，每次随着所遇到的刺激的增强，所激发的情绪也随之增强，与此同时我也面临选择。而面临选择时，我做的决定一次比一次糟糕。我的杏仁核被劫持了，我的理性中心完全关闭了，我做出理性决策的能力被一种挽回个人形象的欲望所代替。

当你收到一封钓鱼邮件时，它触发了你的恐惧、贪婪、欲望或者好奇的情绪，你的大脑随之停止处理你的理性思维中心传来的信息，例如"别点那个链接""我应该把这封邮件报告给管理者"或者"我不认识任何叫 Abu Abu Ali Abu 的王子，并且他也没有理由会给我 4000 万美元"。如果一封邮件写得很有技巧，那么它确实会引起你的情绪波动并使你失去理智，于是你做出了情绪化的决定。

这一切会导致我们彻底暴露并处于尴尬的境地，并会使我们蒙受巨大的损失。当然，我想象不出什么点击邮件后可能会导致你丢失短裤的情况，但是你应该明白我的意思了。

当杏仁核被劫持时，你停止了理性思考，开始仅凭情绪来做出决定，而这通常是一种最糟糕的决策方式。

2.4.2 控制杏仁核

如果上面所说的一切都是大脑自动化的过程，那该怎么办？我们还有办法控制杏仁核吗？

答案是：杏仁核可以被控制，但需要一点时间。杏仁核并不能永远劫持大脑，这种劫持是快速的，会被强烈的情绪刺激所延长。然而如果你停下来，休息一会儿再做决定，那么你会感觉到重新获得了控制权。

有一种情况（或者类似的情况）你可能遇到过。我曾经在一个小组里工作，有很多人都在同一个电子邮件列表内，在决定如何处理某一问题时，大家都是通过邮件列表进行交流的。

乔和萨拉之间总是起冲突，不过平时他们表现得很专业。随着邮件列表变长，有一次乔把萨拉从邮件列表中移除了，然后对我们中的几个人说："她以为自己是谁？她只是一个无能的黑洞。"

我们中有人开玩笑道："乔，你发那封邮件时忘记把萨拉从邮件列表里移出去了。"

乔吓坏了，他并没有去验证这一说法是否属实，而是立刻给萨拉和我们发了一封邮件，公开道歉说："萨拉，我之前说你是个无能的黑洞，这是违反职业道德且毫无根据的。我知道我们并非总是意见一致，我的评价确实太无礼了，我向你道歉。"

当我们收到这封道歉的邮件时，我们意识到玩笑开大了。有人立刻又写了一封邮件："乔，那只是一个玩笑。你应该先查看一下邮件列表的。"

然而在这封邮件发出去之前，萨拉回复了："乔，鉴于你承认了你的错误，我会原谅你，但是我不确定人事经理是否也会这样，相信你会享受周末的沟通课程的。"

乔迅速地读完了邮件，发现自己被戏弄了。他对此非常生气，并回复说："你们两个笨蛋死定了，你们让我向那个虚荣的、无能的黑洞道了歉，然而她确实对得起我的每一句评价。这次我闹出了笑话，但是下次就轮到你们了。看萨拉怎么对付你们。"

他点击了发送，但这次他确实忘记把萨拉从邮件列表中去掉了。这就是杏仁核劫持导致的最坏的结果。乔每次都被情绪所控制，这导致他处于非常尴尬的境地。

如果乔花 30 秒的时间停下来检查一下他发送的邮件，他可能就会看穿之前的恶作剧，然后一笑了之。但现在他要花上几天时间和人事经理谈话，并且给萨拉和所有小组成员写一封正式的道歉信。

你想要控制杏仁核吗？当你阅读电子邮件时，如果你感到恐惧、愤怒、充满欲望或者强烈好奇,那就花 30 秒的时间停下来想想,在点击链接、回复邮件以及任何其他动作之前应该采取的验证措施。

当然,钓鱼攻击者并不知道他们正试图劫持你的杏仁核,但是他们的确知道:如果能够激起你的情绪波动,那么他们就能让你采取一些"不符合你的根本利益的行动",这就是社会工程学的关键所在。

2.5 清洗、漂洗、重复

本章包含了很多信息,但是我们并不期望你成为一个只会"纸上谈兵"的心理学家。我们希望本章可以帮助你理解基础决策以及影响决策的因素。你会用所有这些知识来重新设计你的决策制定方案,使你在家中和在工作中更安全吗?理想情况下,是的。但是哪怕你只是从本章中收获了一点点,并思考自己的反应和决策,我和克里斯也会感到很高兴。记住:情绪反应是正常的,你要做的只是调整一下,这样你就可以避免一些日后会让你后悔的行为。

本章要说的最后一点是:决策应该是一个周期性的过程。我和克里斯已经分享了很多故事,这些故事谈到了一些"欠佳"的决策。我斗胆猜测你们中大多数人可以体会那种感觉。随着我们经验(和年龄)的增长,我们应该能通过自身的经历和其他人的决策来学习。下面 5 步(见图 2-9)可以帮助你反省自己的决策,使得你不会再犯同样的错误。

(1) 确保正确地理解问题。你知道应该如何定义一个好的决策而不是一个感觉好的决策吗?你是否了解所有关于该决策的信息?是否需要考虑其他人的意见?之前是否有过类似的情况?如果有的话,你之前所做的决定的结果如何?

(2) 尽可能完整地收集信息。是否有任何偏见或个人感觉会影响你对信息的理解?你是否受其他人影响?你应该受他们影响吗?

(3) 考虑切实可行的选项。是否有看待这一问题的不同方式?是否有其他选择?可能的结果会是什么?

(4) 做出决策。注意这是第(4)步而不是第(1)步。

(5) 评估效果。决策是否达到了你的期望?为什么达到或者为什么没有?你可以从中学到什么?

图 2-9 基础决策模型

显然，并不是（或者说不应该）每次在选择吃切达干酪还是瑞士干酪时，你都这么做。但是如果你养成了对于重大决策的思考习惯，那么整个过程就会根深蒂固，变成一种习惯，而非一个每次都要考虑的大问题。在行动前多花一分钟想想吧。就说这么多。

2.6 总结

我希望这是增长见闻且富有趣味性的一章，但是这只是其一。本章从决策制定者——那个选择纸而非塑料，或者巧克力而非覆盆子的人——的视角出发，同时也告诉大家收到来自陌生人的邮件时应该保持警惕。

第 3 章将从编写钓鱼攻击邮件的人的视角出发来讨论决策问题。他们使用什么工具？他们如何激起人们强烈的情绪反应？

作为社会工程人员，我和克里斯需要理解影响与操控的过程以帮助客户抵御攻击。所以让我们来把镜头转一下，看看帷幕背后的男人（或女人）吧。

第 3 章
影响与操控

"这不是你要找的机器人。"

——欧比旺·肯诺比（Obi-Wan Kenobi），

《星球大战4：新希望》

讨论社会工程时不能不提到影响与操控。对于所有的意图和目的而言，它们是第 2 章中所讨论的决策的催化剂。正如我们所发现的，人们做事有很多缘由，但是优秀的社会工程人员对此足够了解，因此可以引导人们做出决策。

让我们从定义开始。克里斯在他的第一本书《社会工程：安全体系中的人性漏洞》[①]中，把影响定义为"让某人像你所希望的那样行动、反应、思考或者信任"。操控和影响类似，但是它主要用于不怀好意的情况，几乎总是符合操纵者的最佳利益。

在深入这个有趣的领域之前，我想提一件事。我和克里斯明确区分了所谓的影响（influence）和操控（manipulation）。显然，二者很相似，你可能也听过人们互换使用这两个词。二者都是指一个人采取了对另一个人生效的行为。但是它们给人的感觉不同，不是吗？你可能听过某人产生了"坏的影响"，但是你听过有人用"好的操控"

---

① 该书已经由人民邮电出版社出版，书号 9787115335388。——编者注

这种表述吗？尽管二者都会导致某种看起来相同的决策、行为或者其他结果，但二者得到结果的方式以及目标的感觉是完全不同的。

在这个层面上，我认为影响和操控分属于两个极端。影响显然是积极的，例如给家庭成员提供建议，帮助他做出健康饮食的选择。操控则是消极的，例如由于担心个人安全受到威胁而泄露信息。二者之间还有很多难以界定的情况，因为很多交互既有积极的方面又有消极的方面。无疑，影响制造了紧张情绪，或者说是行动的必要，否则人们就没有改变行为的动机。因此，要知道影响和操控之间的界线并不是一个点，而是很大一片灰色区域，并且通常因个人解读的不同而有所差异。

图 3-1 提供了一个影响与操控的可视化的例子。图中添加了一些实现影响与操控的示例方法，我会在本章稍后对它们展开论述。运用前面的定义，很容易理解为什么把指导归为影响，而把威胁归为操控。但是影响和操控中间仍有很大一片待定区域。像所有其他的例子一样，具体情况很大程度上取决于社会工程人员所做出的选择。

图 3-1　影响与操控

请求帮助可以是一种强有力的影响形式或者一种高明的操控。通过寻求帮助而进入安全机构是一回事，谎称自己的孩子生病而向人乞讨则是另一回事，并且我认为大多数人会同意这种区别。这种区别重要吗？当然，这取决于你的目标是什么。

3.1　为什么这种区别很重要

我和克里斯为客户提供专业的社会工程服务和培训。这些客户在意的是他们公司的安全以及员工的发展。从实用的角度来说，与应对人员流动和重新培训相比，在已有员工身上进行投资是一种更好的金融决策。因此，公司不希望他们的员工因被骗而导致泄露信息，或者因点击了一个钓鱼网站链接而感到沮丧。他们知道让员工积极地参与到公司安全工作中的重要性。当员工对自己在这方面的测试、培训和能力提升感到乐观时，他们就更愿意参与其中。正如克里斯所言：“总是要让一个人因为遇到你而感觉更好。”

你能想象收到图 3-2 中的邮件，然后发现这是一个经过你们公司同意的钓鱼活动吗？发件人显然不能用这封邮件结交任何朋友。

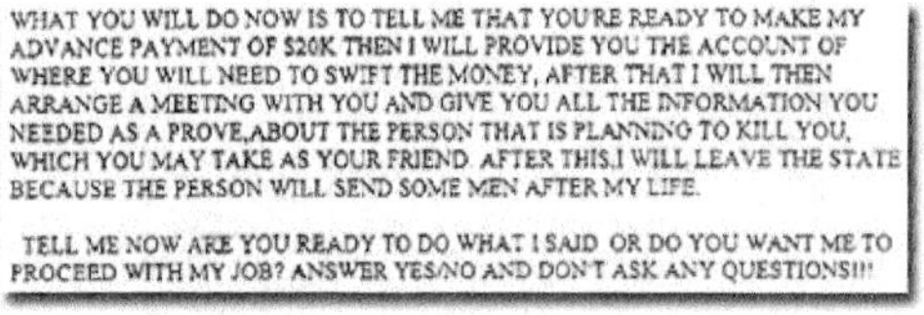

WHAT YOU WILL DO NOW IS TO TELL ME THAT YOU'RE READY TO MAKE MY
ADVANCE PAYMENT OF $20K THEN I WILL PROVIDE YOU THE ACCOUNT OF
WHERE YOU WILL NEED TO SWIFT THE MONEY, AFTER THAT I WILL THEN
ARRANGE A MEETING WITH YOU AND GIVE YOU ALL THE INFORMATION YOU
NEEDED AS A PROVE,ABOUT THE PERSON THAT IS PLANNING TO KILL YOU,
WHICH YOU MAY TAKE AS YOUR FRIEND. AFTER THIS,I WILL LEAVE THE STATE
BECAUSE THE PERSON WILL SEND SOME MEN AFTER MY LIFE.

TELL ME NOW ARE YOU READY TO DO WHAT I SAID OR DO YOU WANT ME TO
PROCEED WITH MY JOB? ANSWER YES/NO AND DON'T ASK ANY QUESTIONS!!!

图 3-2　通过威胁使人服从

毫无疑问，当人们发现自己采取的行动居然是社会工程人员施加影响的结果时，难免会感到尴尬或者生气。但是如果员工认为自己是由于恐惧、愤怒或惭愧而被迫采取了某项行动，那么对于公司来说情况可能会更糟或者更难应对。这种环境并不利于学习。可以想象，这对于一位想要对公司有所贡献的员工来说是多么沉重的打击。这就是我们要强调影响和操控之间的区别的原因。强调这一区别并不只是因为我们很善良友好。我们也是教育者，知道明确这一区别会让这方面的教育和培训步入正轨。

3.2　如何找出区别

区分影响和操控对我们而言很有意义，希望对你而言也是如此。我会首先承认，其中的灰色区域很复杂微妙。因此，下面几节将会探讨一些问题，当你准备好进行社会工程训练时可以先问问自己。

3.2.1　如何与目标建立融洽的关系

在一些资料里，融洽的关系（rapport）的定义冗长且复杂。它很容易理解和辨别，但想用一个简洁的句子来定义却有点难。它大致上是指和另一个人建立关系，其中包括相互喜欢以及相处感到舒适等要素。建立融洽的关系是成功的社会工程人员为了提高效率而必须快速培养的技能。融洽的关系是施加影响的一个必要条件。当你建立了融洽的关系后，人们会答应你的请求，因为他们喜欢你，可以感觉到你们之间的联系，并且想要帮助你。

对利用操控的人来说，建立融洽的关系是不太可能的，也不是必要的。一个想要威胁别人的人很可能并不在乎与目标建立某种联系。实际上，操控者与目标之间的联系越少越好。坦白来说，对大多数人而言，对一个与他们有私交的人运用操控手段是很困难的。

3.2.2 当目标发现自己被测试时，感觉如何

我心里住着的顾问总是想问这个问题："你点击了我的钓鱼邮件，你感觉如何？"正如之前所讨论的，感到尴尬甚至愤怒仍然可以有教育效果。你已经把挑战置于目标面前，然而他们的表现令人失望，而这可能最终导致他们或他们的公司面临威胁。但是如果你后续提供为下一次获得成功所需的信息，那么就可以创造出一个基于学习的环境。希望随着时间的推移，你能创造出一种公司文化，员工不会因为中招而感到尴尬，而是期待下一次培训的到来。我们曾见证过某些公司的成功。

另一方面，如果你通过一些方法来激起恐惧、愤怒、惭愧或无助的感受来使人们服从，那么随之而来的抵抗的洪流极有可能让你错失教育机会。人们会记得你给他们带来的感受而不是经验教训。

3.2.3 测试的意图是什么

我并非在讨论炫耀给客户的那一套直截了当、结论漂亮的玩意儿。我在讨论你自己的意图和你的个人需求。你真的关心你的机构是否在学习或者提升吗？或者你只是想要一种赢家的感觉，因为你让人们做了一些他们不该做的事吗？这是一个你需要自己回答的私人问题。我们大多数人喜欢获胜的感觉，而有时候社会工程协议可以让人感觉像一场游戏一样。

幸运的是，有很多机会你能获胜，同时很好地为你的公司服务。但是总会有那么一个时期，你没有获得任何进展，内心也开始产生挫败感。你也可能会感到焦虑，觉得必须做点什么才对得起公司管理人员付给你的钱。那时你不得不开始真正反思你的选择和动机，因为此时使用操控手段的诱惑非常大。不过通常来说，如果你真的把公司的利益放在心上，那么你会做出明智的决定的。

3.3　操控：来者不善

有一个我们经常会遇到的问题或者评论，那就是为什么我们不使用操控。毕竟坏人总是会这么做。这是一个法律问题。坏人想要获胜，他们不在乎受害者，也不关心教育效果。坦白来说，操控更有效也更容易。然而，除了在专业环境下更具有破坏性而非实用性以外，使用操控也不是长久之计。

在经历操控后，人们不大可能再次听从你的请求。这一结果可能是可以接受的或者求之不得的，这取决于你的工作和你的目标。但是在公司安全以及专业合作的世界里，这并不是一个最理想的选择，因为你寻求的是建立长期合作关系。

我同意在测试和教育中不敢越雷池一步是不现实的，但是也不需要跳进火山口才知道它真的很烫。公司安全目标可以在不诉诸恐吓或者激怒员工的基础上完成。一位专业的信息安全工程人员所提供的体验可以在富有挑战性的同时不造成伤害。

3.4　谎言，全都是谎言

让我们来谈谈图 3-1 中展示的一些例子吧。其中一个总是能抓住人们注意力的是欺骗。人们对欺骗有某种看法，而这种看法肯定是负面的。显然，如果有人对你喊"你是个骗子"，他绝对不是在恭维你。

虽然大多数人想要机械地把伦理道德与此关联起来，但是我认为这是有问题的。问题的性质并不取决于你是否把欺骗用于社会工程协议的一部分。你肯定会在社会工程协议中多少使用一些。

对我来说，这个问题的性质取决于意图和动机。如果我的丈夫已经吃了两包糖果和半包曲奇饼干，我会告诉他我们已经没有任何米饭布丁了，而事实上我把它藏起来了，我说谎是出于对他的健康的关心。另一方面，撒谎并把米饭布丁藏起来，我就可以自己独吞了……如果这么想，那就太自私了。注意，在这个例子中虽然我的行为和导致的结果相同，但是动机不同，我的丈夫在发现真相后的感受也会截然不同。（顺便说一句，米饭布丁真美味。）

撒谎的名声并不好，但是无疑我们都这么做，或多或少。我们是社会动物，在群体中生活就意味着要知道自己该说什么（或者不该说什么）。想想如果你完全坦诚地说出你的见解——包括你朋友的穿着打扮、你母亲对家具的品味，或者你的另一半的健康水平——你的人际关系会如何。真相会伤人。

人类和其他物种似乎有着天生的欺骗的倾向。有很多有趣的研究表明，婴儿在没有语言表达能力前就有这种能力。你们中如果有人已为人父母的话，就可以证实这一点。来自朴次茅斯大学的瓦苏德威·雷迪博士发现婴儿能讲话之前——或者，更重要的，有能力理解"实话"这个概念前——就有了欺骗他人的能力。

我清楚地记得我弟弟在还是个婴儿时就会"假哭"。他并不饿或者感觉不适，也不需要换尿布。但是他会不时在围栏里站起来，发出缺乏热情的"哇哇……？"声，接着他会四处看看有谁听到了。这并不是一个很复杂的把戏，但是他确实得到了一些注意。我们从小就开始寻求机会参与到社交活动中。像其他有机体一样，如果某一行为模式得到强化，那么我们会继续这么做。欺骗是一种社交行为的适应性形式，没有必要总是把它想得那么负面。

3.5 惩罚与操控

图 3-1 中的另一个例子是惩罚。在行为心理学中，惩罚被定义为会降低某个行为再次发生的概率的某种后果。例如，因为孩子撒谎而惩罚孩子。

为了本书的目的，我将要讨论的是成年人之间的具有某种操控效力的惩罚。因此，我并没有指责父母对孩子进行操控，这是完全不同的两回事。

在社会工程学中，惩罚是一种成年人间的相互作用，其目的是通过负面的结果来迫使目标采取你所期望的行为。表面的目标和实际的目标之间还是有所区别的。惩罚的有趣之处在于它是一种针对某人的直接行为，但是其效果常常是控制并决定另一个人的行为。通过惩罚来改变某个成年人的行为是完全可能的，但这并不是高明的暗中操纵，它只是简单的能产生某个后果的行为。你对我大喊大叫，我给你一拳，于是你不再叫了。

通过惩罚来实施的操控可以像催化剂一样激发人们的行动，或者通过引发其他强烈的情绪来迫使人们采取行动，如图 3-3 所示。当惩罚在公众场合实施时，惩罚者创造了一群目击者正在等待结果的感觉。根据每个人各自的不同情况，他们可能会表现出恐惧、愤怒或者同情等情绪。

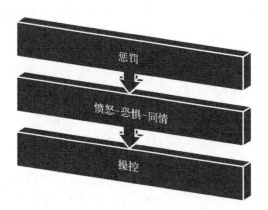

图 3-3　惩罚作为一种操控手段

无疑会有人漠视或者回避惩罚。但是如果惩罚足够严重，还是会得到回应。这正是一个恶意攻击者所寻求和试图控制的。

想象一下你走进公司的食堂，看见一个男人正在对一个哭泣的女员工口出恶言。（她可能看起来像图 3-4 中的女士。）在那个男人停止辱骂后，受害者含泪向你求助说她的老板威胁解雇她，因为她把胸牌忘在家里了。她需要去这栋大楼的行政处补办胸牌，你愿意帮忙吗？

图 3-4　你会帮助这位女士吗

你可能十分机警地带她先走一遍所有的安全检查程序，或者你可能对于所看到的一切感到十分生气，然后直接带她去补办胸牌。这就是操控。

3.6　影响的原则

既然你已经对影响和操控的区别有了初步的了解，那么是时候花些时间来深入理解影响，看看如何以及为何其中一些因素能够奏效。有很多人在影响的研究领域取得了杰出的研究成果，包括罗伯特·恰尔蒂博士、艾伦·科恩博士和戴维·布拉德福德博士。请和我一起回顾他们所做的工作。

说明　如果想要阅读更多关于影响的研究，试试下面这些资源。

❑ Robert Cialdini, *Influence: The Psychology of Persuasion*, Revised Edition (Harper Business, 2006).

❑ Allan R. Cohen and David L. Bradford, *Influence Without Authority* (Wiley, 2005).

图 3-5 提供了这些原则的一个快速的概览。基于上述研究以及从社会工程学实践中总结的经验，我们来运用这些原则。下面列举了一些你应该注意的方面。

图 3-5　影响的原则

- 由于人类的行为并不总是循规遵矩，这些原则中很多都是共同起作用的，在例子中你可以看到它们的相互影响。
- 有些例子适用于多方面的影响。
- 由于这些例子来源于现实世界，它们中的许多可以阐释这些原则是如何被用来实施操控的。（记得我之前提到的位于影响和操控之间的大片灰色区域吗？）
- "专业建议"的目的是为你提供对这些原则更深刻的理解和更灵活的运用，如果你为所在的机构提供安全服务，那么它们对你而言是十分重要的。

3.6.1　互惠

定义　互惠是一种普遍的信念，人们应该根据其所作所为得到相应的回报。"善有善报"和"以眼还眼"这样的古老格言都描述了互惠的方式。这一概念是如此强大，以至于科恩和布拉德福德认为它是每一种影响的基础。

例子　有一个关于这一原则的真实的例子，那就是提供退款以获取个人信息的骗局。这里的关键是恶意攻击者使目标觉得自己先得到了某样东西。因为目标觉得收到了某种礼物，所以他会认为有必要提供点什么东西（个人信息）作为回报。

专业建议　尽管互惠原则是建立在礼物的基础上，但是礼物不一定是实物。它可以是一个微笑，是同情地聆听倾诉，甚至是在前面为别人开一下门。它只要对接受者来说足够宝贵，就可以产生足以对其施加影响的力量。

3.6.2　义务

定义　互惠是建立在礼物的基础上，义务则通过传统、礼仪、个人感受和社会角色来施加影响。当有人给我让路时，出于礼貌，我会有一种"挥手的义务"。你曾经有过让路而对方没有挥手的经历吗？多无礼啊！

例子　一个真实的利用人们的义务感的例子是可怕的祖父母骗局。骗子假装成陷入麻烦的孙子或孙女。通常情况下，打电话者会要求保密，并声称需要钱出狱。很多骗子之前会对他们的目标进行一些研究，得知他们的一些情况，例如他们使用的昵称。他们利用这些可怜的人的社会角色和感受，就像一个受害者所说的："你不想让你的孙子或孙女受到任何伤害。"

专业建议 你如何在不认识的人身上创造一种义务感？用一些与他们的身份相关的东西怎么样？他们为人父母吗？他们自认为喜欢帮助别人吗？在你辨识过这些之后，可以利用这些信息来制造一个需求帮你达到目的，或者以一种符合目标对自我的认知的方式行事。

3.6.3 妥协

定义 你曾经和重要的人吵架并陷入僵局吗？结果可能是一整天的冷冰冰的眼神和简短生硬的对话。你认为可以通过什么方式确认自己已经胜利？（女士们，我要说的是，当你的伴侣犹豫着走进卧室，坐在你旁边，然后说"呃，那个，今晚吃什么？"时，你应该知道你已经赢了。）妥协是一个人让步的时候。这通常表明主动权已经移交到另一个人手中了。

这一点很重要，因为妥协会把目标置于困境之中。人性如此，有过一次让步后，还可能有更多的让步。这也被称为"登门槛法"（或得寸进尺法）。想想那些试图通过分发传单来卖东西的人们。他们知道如果让你拿到传单，那么你至少可能会停留一下。

例子 祖父母骗局也可以当作一个妥协的例子。某一个案例中，有一位祖母被骗超过 20 000 美元——但不是一次就被骗这么多。受害者妥协一次并交出钱后，骗子继续要求更多的钱，她就继续妥协下去。

专业建议 专业社会工程人员有时候会通过成为让步的那个人来引导这一相互影响的过程。通过这种行为，社会工程人员暗示权利被让步给了目标，尽管妥协可能很微小或者无意义。汽车销售员总是这么做。

3.6.4 稀缺

定义 当资源有限或者缩减时，会变得更有价值。这是另一种在我们脑中根深蒂固的观念。以前抢不到最后一只鸡翅膀真的事关生存，不像现在只会带来一种满足感，一种由于看到你的兄弟姐妹抢不到而产生的满足感。

真正讽刺的是，我以研究这些把戏为生，并完全理解稀缺的含义。不过当我看见广告说"如此低价，不容错过"的时候，我还是偶尔会买广告里的商品。实际上有时候我一买就买两个。

例子 该从哪里开始呢? 你几乎每天都能见到骗局和那些实际上接近骗局的广告。20 世纪 70 年代,一家夜总会的老板史蒂夫·鲁贝尔在夜总会门口竖了一根天鹅绒绳子,只允许特定的来宾进入。这一举措引发了人们近乎疯狂的想要光顾这家夜总会的热情。同理,有一类金币复制品(表面上不是一个骗局)的广告宣称"尽早入手,免留遗憾"。

专业建议 像互惠一样,稀缺或缩减的资源不一定偏要是实体的。你曾经试过约见某个重要人物吗? 他真的在下周四下午 1:20 的时候只有 10 分钟空余时间给你吗? 稀缺是如何对你的紧迫感和行为产生影响的?

3.6.5 权威

定义 权威是指拥有决策的权利。这种权利可能来源于法律或者其他合法来源,也可能基于个人魅力或者信誉而建立。

例子 我们的成长伴随着服从权威和反抗权威的过程。我们成年后会倾向于自动回应具有权威的人或者权威的符号。如果有一个戴着安全帽、穿着安全背心的人在马路对面向你招手,那么你可能会遵循他的指示。

举一个特别极端的利用这一原则的例子。一些快餐店可能经历过这样的情况。一个自称是执法机构官员的人打来电话,对餐厅老板说他们有位员工涉嫌盗窃。老板被要求遵循电话的另一头传来的指示,把那名员工锁在里屋,然后对他或她进行搜身,或者用其他方式羞辱这位员工。可以从这个例子中看到,权威极有可能被滥用,也很容易被用来操控他人。

另一个有趣的例子是,有一位女士假扮华夫饼屋的经理,装模作样地检查了一下,然后从收银机里拿走了钱。她只是简单地装作自己属于那里。根据警方提供的信息,"整个过程中,她没有恐吓,也没有使用武器"。

专业建议 你不需要带着徽章彰显权威。穿着和谈吐,写作风格和身体语言,以及邮件里的签名都会传达这一信息:你知道你在说什么,并且你发出的指令应该被遵循。

有一个为女士们准备的非专业的建议：由于你的外貌和其他特征，例如年龄、音调，亲自展现权威可能会有些困难。有意识地注意你正在展示什么，做你力所能及的事，并注意选择让别人相信你的理由。

3.6.6 一致性与承诺

定义 一致性与承诺涉及这样一个概念：当人们已经做出某种行为后，他的后续行为会更倾向于与前面的行为保持一致。正如你所推测的，这一点和让步原则往往密切联系在一起。在一个人让步后，一致性与承诺就会让这个人觉得他应该继续让步。你会如何看待一个想法总是变来变去的人？没人想要被当成是那种人。

例子 据报道，有一位女士被一家交友网站骗了。有趣的是受害者和犯罪者都证明了一致性和承诺的需求。这位受害者，像其他受害者一样，为她的求婚者花光了所有的钱以表明自己的承诺。而犯罪者也表现得像一个忠贞的爱人一样，几乎每天不间断地给她发送邮件和未来的计划。

专业建议 在人们答应一个请求后，他们很可能继续再答应一个。经验丰富的社会工程人员能够在不显得古怪或者冒犯的同时逐渐提高要求，并克制自己对于持续索取行为的个人反感。在斯坦利·米尔格兰姆博士 20 世纪 60 年代的实验中，"逐步加强"（escalation）这一概念得到了令人惊讶的体现。

尽管这项研究的目的是为了确认人们服从权威的程度，但它同样也是一个很好的对"逐步加强"这一概念的说明。参与者被要求通过（假的）电击来"教"学习者记忆单词。每次学习者犯错时，教师就要增加 15 伏特的强度。图 3-6 展示了参与者看到的面板。

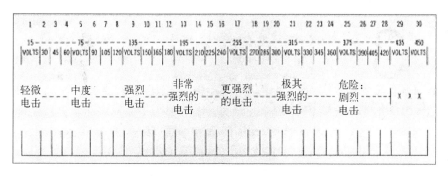

图 3-6 米尔格兰姆的"电击"面板

想象一下你处在教师的位置。首先你同意参与这一重要的研究活动。其次，你要同意这项研究的各种条件。然后，你遵循指示去做。第一次你会发射 15 伏特的电击。尽管对于学习者来说并不算太糟，但你的学习者继续犯错，使得你不断提高电压。你逐渐开始感到心里不舒服。15 伏特和 150 伏特有很大的差别。你该如何停止？什么时候停止？如果你停下来了，会影响实验吗？你愿意半途而废吗？

话说回来，米尔格兰姆所研究的是人们对权威的服从，但你也能从中看到一致性和承诺在个体身上施加了多少压力。

3.6.7　喜爱

定义　你曾经遇到过一见面就喜欢的人吗？除了这个人迅速建立融洽关系（请看专业建议！）的能力外，你认为你喜欢这个人的原因是什么？我们倾向于喜欢那些喜欢我们的人。我们也确实喜欢那些像我们的人。广告商一直在使用这一原则：雇用我们喜欢（并且想要去模仿）的演员或者和我们能产生联系的演员。

例子　不幸的是，恶意攻击者也常常利用我们想要帮助喜欢的人的愿望。典型的“滞留旅客”钓鱼攻击生效的原因是，骗子盗取了某个人的邮箱，然后联系他的朋友和父母，假装受害人并声称需要钱。

专业建议　因此，你该如何让某人立刻喜欢你呢？专业社会工程人员通过发展某些品质来建立融洽关系，如积极聆听，以及与语言相一致的非语言行为。另一个增加好感的简单的办法是，识别出你和目标之间确实存在的相似之处。当你和某人有共同点时，他就很难向你说不。

3.6.8　社会认同

定义　我处于一个真实的两难境地。我有时候去一类餐厅，那里是在吧台点餐，然后找个位置坐下来等上菜。应该付小费吗？我不确定。有时候鼓励我付小费的原因是看见吧台上有装小费的罐子，这是一种行为上的社会认同。社会认同是我们的自然倾向，即通过观察他人来指导自己的行为。像刚才那样的两难情况下，这一作用尤其强烈。

例子　由于我们的社会性，社会认同是一种极为强大的影响原则。我们会想："如果其他人都这么做，那么这件事就是正确的。"骗子已经在利用这一倾向，不过我们现在如此紧密地通过互联网相连，尤其是在社交媒体上，于是这就成为了一个很大的问题。第 1 章中提到过，灾后骗局激增，因为人们想要帮助他人的心愿被利用。这些骗局在社交媒体上传播迅速，并给人一种每个人都在通过某种途径进行捐款的错觉。

专业建议 社会工程人员通常制造这种社会认同的假象来鼓励某些行为。其他人完成的调查和请愿使得你更愿意提供个人信息。人们聚集在一起讨论，使得路过的人几乎不可能不停下来望一眼或听一会儿。

3.7 与影响相关的更多乐趣

我们从社会认同很自然地过渡到这一节，因为它对影响原则起作用的原因作了一些解释。最基本的解释是它们都利用了人类的天性，但是也有其他因素在起作用。

3.7.1 社会性与影响

在这个世界上，社会性与影响有什么关联？事实上二者几乎所有方面都有关联。现代科学的发展使得无论强壮还是瘦弱的人都可以存活；在现代科学出现之前，人们依赖他人的庇护和安慰来抵御外界的威胁。除了少数著名的例外，那些决定远离人群独自生存的人都……死了，和他的基因一起消失。古代最严厉的惩罚就是流放。因此，对一个人所处的社会环境敏感并非只是因为挑剔，还有寻求生存和繁衍的最佳时机的因素。

这已经变成了我们天性的一部分。我们天生会对明显的或微妙的群体需求有所反应。因此，不要责备那些躲避同辈压力的孩子们，或者说那些盲目从众的人愚蠢，你要明白他们只是在跟随自己的生存本能。

专业建议 现代社会中，社会工程人员会使用他们所掌握的关于社会性的知识，模拟出群体压力下的环境。即使"独狼"也会在某种程度上感到社会压力，依环境和附近的人而定。社会工程人员通常会构造一种场景来造成某种紧张、担忧的情绪，或者促使人们采取行动。最优秀的社会工程人员可以很自然地做到这一点。这是社会工程人员真正的技巧——刻意营造一个场景，却能让人感觉两个人（或更多人）之间在真诚地交流。

3.7.2 生理反应

克里斯在第 2 章中讨论过杏仁核在情绪化思考和理性思考中的作用。当大脑受到刺激时，人体内也发生了一连串有趣的事情。尽管把大脑反应和生理反应分开来说并不合适，但我还是这么说吧。

如果人体感受到威胁，那么杏仁核就会开始进行一系列活动来保护人体。无论这种威胁是一条鲨鱼要吃掉你，还是收到一封宣告你患有癌症的邮件，你的身体都会产生同样的反应。

神经系统会自动向体内传输应激激素，这会导致你心跳加快、血压升高、瞳孔扩大、血液流向主要的肌肉群。这些生理反应使得身体做好了行动准备。重要的是，要知道：这是为了最佳表现（包括认知上的表现）而处于的最佳状态。

专业建议 这一事实表明，如果社会工程人员能够影响和控制目标所受的压力大小，那么他们就可以进而影响目标决策的质量。结合一些其他因素，例如可以导致特定生理反应的行为，他们就可以施加影响了。

3.7.3 心理反应

施加影响会产生什么样的心理反应呢？其中一个例子是，我们的非语言行为对其他人会产生重大影响。有一种肯定可以让人生气的办法，那就是展示与你的话语不相符的面部表情和肢体语言。关于这一问题，克里斯在他的另一本书《社会工程 卷 2：解读肢体语言》中有更深入的探讨。

你也可以通过有意识地控制非语言信号来控制人们的反应。最近的研究表明，"愤怒的脸"这一普遍表情已经演变成了一种面部指标，可以显示出一个人的强壮和破坏力。这种恐吓的表情源于本能，连从未见过这种表情的盲人孩子都能做到。研究者相信，我们进化出这种表情是为了有效地进行讨价还价。无论何种文化中，愤怒的脸都传达出一种强有力的感觉。

社会工程人员即使不直接接触目标，也仍然有办法影响他们的反应。艾伦·兰戈博士和他的同事一起进行了一个有趣的研究，他们让参与者试着在复印机上划一条线。研究发现，如果参与者提供了某种理由，即使这个理由没什么道理（例如"因为我想要复印，所以我可以划一条线吗？"），参与者会更容易成功地在复印机上划一条线。这表明：如果在提出请求时提供一个理由——无论什么理由——那么都会增加成功的概率。

关于心理反应的最后一点是：有很多其他因素影响着人们对你的反应，但是请记住，大多数时候社会工程人员都是在寻求帮助。帮助行为是一个非常庞大且复杂的话题，但是有些部分显而易见。大多数人在考虑是否要帮忙时，都能清楚地权衡风险和/或麻烦。一般来说，人们更可能帮助女性和孩子，也更可能在心情好时帮忙。最后，当周围有人时，人们可能不那么愿意帮忙。（除非有人先跳出来帮忙——社会认同，不是吗？）

专业建议　人们所处的状况显然可以被用来施加影响。理解特定行为的效果可以使社会工程人员控制自己的行为，从而创造条件让目标说"好的"。

3.8　关于操控需要知道的事

因为操控对你和你的公司无疑是不利的，所以我想快速概览一下一些常见的手段。（没错，我不会为这一节提供专业建议的。）图 3-7 为下面的条目做了一个总结。

❑ 增加易感性。恶意社会工程人员会用一切手段增加人们对于建议和错误决策的易感性。之前你读到的对强烈情绪甚至生理反应的激发都是让逻辑思维短路的重要办法。

❑ 环境控制。恶意攻击者进入受害者的生活圈子后通常都会这么做。无论在网络上还是现实世界中都可以找到很多这样的例子。

❑ 强制重新评价。攻击者会让目标对自己所知道的和学到的东西产生怀疑。这一手段通常和其他方法一起使用，例如威胁与恐吓。

❑ 权力剥夺。通常和权力滥用相伴随，攻击者会让目标觉得除了服从以外没有其他选择。

❑ 惩罚。我在本章中讨论过这一点，这是负面结果的直接运用，会让那些目睹而非经历负面结果的人感到害怕。

❑ 恐吓。惩罚是利用负面结果，恐吓则是利用惩罚来威胁。

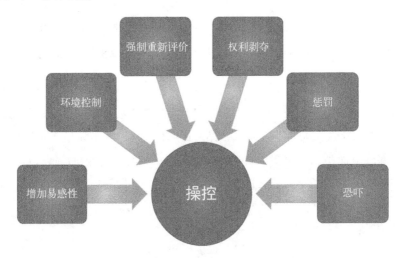

图 3-7 操控的办法

阅读这些内容会不会让你感觉有些卑鄙? 当然, 操控起作用了, 但在你运用它们之前, 请记得你晚上也要睡觉。

3.9 总结

社会工程学的核心是有意识地引导另一个人做决定。根据你的意愿, 这些行为可好可坏。学完本章, 你应该已经能够:

❑ 辨认影响和操控之间的区别;

❑ 理解影响的原则以及它们为什么有用;

❑ 理解影响的效果是由我们的社会天性、生理要素和心理要素共同决定的;

❑ 理解基本的操控手段, 并且在有人向你实施操控时能够识别出来。

你现在应该已经具备了理解钓鱼攻击的基础知识, 能够理解它们之所以有效的原因。通过了解决策制定、影响和操控, 你已经对钓鱼攻击有了初步的认识。

接下来该如何运用这些信息来保护你自己和你的公司呢? 克里斯将在第 4 章讨论这些问题, 他会讲一些我们的经验, 以及客户所做的或好或坏的决定。第 4 章也讲了针对普通人和专业人士的建议, 可以帮助你在家中以及在工作中自我保护。

第 4 章
保护课程

"学校和真实生活的一个重要区别在于：学校先教你知识然后考试，生活则通过考试来教你知识。"

——克里斯托弗·海德纳吉

现在你已经通过了我们的常驻心理医生和钓鱼攻击高手（是的，我说的就是米歇尔）的训练，那么是时候开始运用你所学的知识了。我和很多公司交流过，他们花费大量时间在互联网上，意图寻找学习并教授员工如何进行自我保护的建议。在这些交流和他们所遇到的挫折的基础上，我完成了本章的编写。

本章会教给你我们从一些世界上最大的组织机构那里学来的经验，以及如何运用它们。我发现"专业"建议和"普通"建议之间的差别很大。

这里的普通是指平常的普通人。他们在家的时候，没有全职的 IT 工作者可以求助。他们上班的时候，隔壁的格子间里并没有这样一位电脑高手，他可以一边大声感叹你的技术水平有多差，一边告诉你该做什么。即使中小型（或者有时候是大型）公司也没有此类全职的安全专家可以随叫随到。如果你觉得这些描述像是在说你，那么请注意一下这些普通建议。专业建议主要是针对那些更大的、拥有专职安全人员的公司。很多建议对普通人员和专业人员都有用。因此，本章对于这两个群体的人都很重要。

另外，本章还涉及一面"绵羊墙"（Wall of Sheep）。你可能对这个词不熟悉，它来源于 DEF CON，世界上最大的黑客/安全会议之一。每年的 DEF CON 上，运作绵羊墙的那些人都会把在会场上连接到未知网络上的"绵羊"们的账号密码公布在上面。为什么要这么做？他们希望提高人们的安全意识，告诉人们抓取这些"安全"信息是多么容易。

我不会在本章中把特定的公司名称列出来并说出它们的愚蠢想法。相反，我的绵羊墙上列举的是那些和我们曾经一起共事的人所提出的或者（不幸）已经用过的想法，而这些想法通常弊大于利。

本章的目标是提供一种资源，其中包含了一系列不会过时的想法和基础原则，帮助你学习如何抵御前三章中提到的攻击。

让我们来开始第一课吧。

4.1　第一课：批判性思维

◆ 类别：普通和专业

我认为如果不从这非常关键的一步——批判性思维——开始我的第一课，那么会是很失职的。在我的上一本书（《社会工程 卷 2：解读肢体语言》）中已经讨论了一些细节。我认为这是帮助人们抵御任何社会工程学攻击的最重要的建议。

请允许我在此重申一下我在那本书中所提出的观点。很多时候人们把批判性思维和逆反、缺乏信仰或者为了质疑而质疑联系在一起。但是这些都不是我对批判性思维的定义。

我将批判性思维定义为：告诫自己不要事事都信以为真。不要认为邮件内容都是真实的，只因为没时间评估、因为压力很大以至于没时间思考，或者因为有另外 150 封未读邮件。停下来思考一会儿。这听起来是一个耗时的任务，但是问问自己下面这几个问题并不会花很多时间。

❑ 这封邮件来自我认识的人吗？
❑ 我预料到会收到这样一封邮件吗？

□ 邮件里的请求合理吗?

□ 这封邮件是否试图唤起某些情绪, 比如恐惧、贪婪或者好奇, 或者最重要的——它
  是否试图让我做点什么?

花上两三秒钟来想想上面每个问题, 这能够帮助你更好地识别钓鱼邮件。

在阅读下面的课程时, 你可以把上述问题运用到课程中, 并且你会发现在识别真正的
威胁时, 思考和不思考 (哪怕只有一两个) 上述问题的区别有多大。

即使你已经问过自己上面所有的问题, 本节中也有一些值得一看的建议, 可以帮助你
获得额外保护。

攻击者是如何绕过防御的

攻击者不希望你思考, 尤其不希望你进行批判性思考。他们会利用情绪来阻止你的批
判性思维或者逻辑思考, (记得第 2 章中的杏仁核劫持吗?) 并且会试图唤起你的恐
惧、忧伤或者愤怒等情绪, 迫使你采取一些你不该采取的行动。

当你读到一封来自某个不认识的人的意外邮件, 并且它正试图让你产生情绪反应时,
你就应该警觉。停下来几秒钟, 在你采取行动前读点别的什么来冷静一下。

4.2 第二课：学会悬停

◆ 类别：普通和专业

想象你坐在家中, 或者办公室里, 然后收到一封图 4-1 所示的邮件。你会有什么感觉?

你可能一开始会想: "不能让我的 UPS 包裹出问题, 最好检查一下。"或者, 你并没有
UPS 账号, 但也可能会感到惊慌: "谁用我的名字建立了一个 UPS 账号? "

不管是哪种情况, 恐惧或者好奇都会让你想要点击邮件中的那个链接。这封邮件有正
确的标识, 看起来很正式, 甚至可能和你收到过的其他 UPS 邮件十分相像。这些细节
使得你相信这是一封真实的邮件。

图 4-1　UPS 钓鱼邮件

幸运的是你刚刚阅读过本书的前三章，并意识到这封邮件可能是某种精心设计的恶意邮件，目的是让你下载恶意软件、泄露个人信息，或者参与某种违法活动。你首先能做的是什么呢？

你能做的就是把鼠标悬停在链接上。简单地把你的鼠标移到链接上，但是不要点击！

只需要把鼠标悬停在上面，看看会发生什么。你可以看见类似图 4-2 的提示。

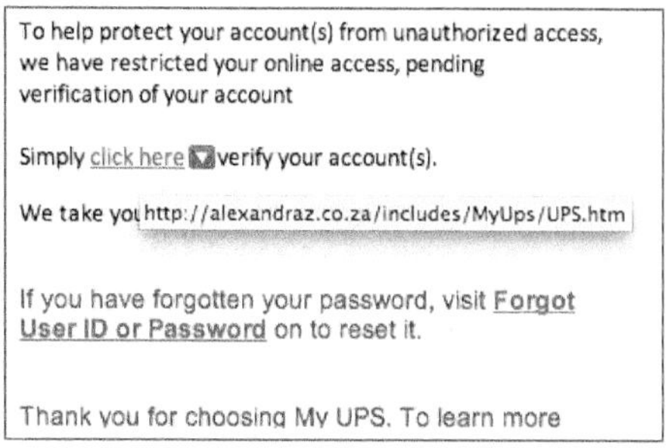

图 4-2　悬停成功而不点击

我不确定你的情况，但是我对 UPS 会把我的账户信息存在一个位于南美的服务器里这件事很是怀疑，后缀 .za 表明了这一点。因为悬停可以反映 URL（链接）的地址，而那个地址并不指向 UPS，所以这封邮件被确认为钓鱼邮件。

如果你看到这样的链接，那么你需要用批判性思维来问问自己下列问题。

❑ 这封邮件来自我认识的人吗？

❑ 我预料到会收到这样一封邮件吗？

❑ 邮件里的请求合理吗？

❑ 这封邮件是否试图唤起某些情绪，比如恐惧、贪婪或者好奇，或者最重要的——它是否试图让我做点什么？

因为这封邮件的意思很含糊，所以你甚至无法如实回答第一个问题。你没有期望或者请求这封邮件，而 URL 指向一个完全不同的网站。关键是不要因为好奇而点击链接，而应该立刻删除这封邮件。

悬停在这个链接上，或者任何链接上，会显示它所指向的地址。另外，这一举动可以快速帮助你回答批判性思维的问题，从而清楚地做出决定。

想象你订阅了每月发送的《社会工程人员通讯》。当它被发送到你的邮箱时，你会看见一个指向更多关于社会工程学信息的链接。你可以首先把鼠标悬停在上面，然后你会看到图 4-3 所示的内容。有些情况下，高明的攻击者可以阻止悬停，所以当你点击时，再次确定一下地址栏里的地址，以确保你访问的是一个合法的地址。

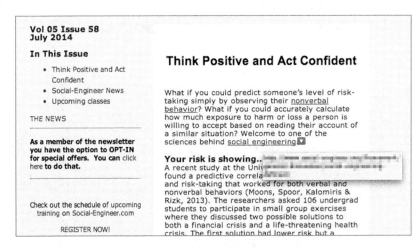

图 4-3　一个安全且正确的链接

这封邮件是你要求发给你的（通过订阅通讯），链接也符合你订阅的网址。基于这些原因，你可以点击这个链接。

4.2.1　点击链接后感觉危险该怎么办

不幸的是，这种情况的确会发生，这也是个很好的问题。首先，如果你是公司的员工，那么请将情况反映给 IT 部门或者给安全部门。这可以节约你和公司很多时间，免得你们头疼，也可以避免将来发生的问题。

但是如果你并不是某家公司的员工，那该怎么办？首先，回想一下当你点击链接后，网站向你发出了什么请求。你被要求提供账户信息吗？被要求输入用户名和密码吗？被要求下载一个文件，然后安装一个"程序"吗？

如果网站要求你输入账户信息，而你又输入了你的账户信息或者创建了全新的账户名和密码，那么你就要尽快采取特定行动了。首先，你需要确认是否在其他地方也用了相同的用户名和密码。如果你这么做了，那么立刻去那些地方修改你的账户名和密码。（我等着……）

如果你有一个邮件中所提到的公司的账户，而且你把它输入到了网站里，那么给那家公司打电话，并告诉他们你可能把你的账户信息告诉了某个恶意的组织。让公司立刻修改你的账户信息以保证你的账户安全。

如果你安装了一款邮件中要求你安装的程序，那么很有可能你安装了一款病毒软件、木马或者其他恶意程序。你需要清理你的电脑，并在另一台安全的电脑上修改你大多数账户的用户名和密码（或者你可以在清理了你的电脑后再立刻这么做）。

因为我不可能知道你中了哪种病毒，所以无法就你接下来该怎么做给出更多细节性的指导。如果你不知道怎么处理病毒和恶意软件，那就给专业人士打电话寻求帮助。

不过无论如何，不要惊慌失措。监控你的重要账户，确保没有异常发生。也可以对你的密码进行一些修改来获取最大程度的保护。

我说不要惊慌失措时，并不是说你不应该紧张。你应该尽快采取行动，但是惊慌往往会使事情变得更糟。深呼吸，想想该怎么办，然后立刻修复可以修复的东西来防止进一步的损失。

4.2.2　攻击者是如何绕过防御的

攻击者会意识到潜在的受害者可能受过悬停训练。很多邮件服务商甚至会检查 URL 是否和邮件文本中显示的不同。攻击者可能会购买相近的域名来掩饰他们用来攻击的真实的域名。举例来说，如果一个攻击者购买了http://secure-你的银行.com 域名，而你在这个链接上悬停了一会儿，你会以为看到了"正确"的域名，那么这会让你信以为真，然后点击它。这时批判性思维就起了重要作用：你的银行是从这个域名给你发邮件的吗？如果你有所怀疑，那就该检查一下。

其他攻击者会用注册过的证书来使得网站看起来合法和安全，并且攻击者的确拥有这些证书。这些证书可能会以狡猾的方式命名，使用受信任的（trusted）、安全（secure）或者其他字眼来使你相信点击这些链接是安全的。

另外，黑客会攻击全球范围内的真实的服务器，并用合法服务器来发送钓鱼邮件。他们利用人们对这些服务器的信任来诱使他们点击恶意文件或者链接。是的，黑客正在攻击网络，然后隐于幕后，利用邮件服务器或者面向互联网的设备来发送邮件。通常攻击者会获取这些设备上的邮件地址，然后利用这些邮件地址来联系第一批受害者。

请谨慎处理这些问题。虽然悬停可以帮助你抵御攻击，但是始终记住点击前请三思。

4.3　第三课：URL 解析

◆ 分类：普通和专业

在本节开始前，我要先声明一下，本节不是写给那些网络专家或者对网络非常熟悉、懂得基本的 URL 解析的人的。本节是写给那些为了保证自己安全而试着去了解 URL 的人的。因此，如果你觉得本节内容太过基础以至于想给这本书差评，请你停下来，跳过这节。

如果你不符合上面的描述，那么请继续阅读这一节。URL 是 uniform resource locator（统一资源定位符）的缩写，即索引至互联网资源的一种地址。就像我的地址一样，如果我告诉你我的地址，你把它输入 GPS 中就可以找到我家。同理，你输入的 URL 地址可以带你访问想要访问的资源。

你能判断下列网址中哪些属于微软，而哪些有潜在威胁吗？

❏ http://microsoft.com/file.txt
❏ http://secure-microsoft.com/file.txt
❏ https://secure.microsoft.com/file.txt
❏ http://microsoft.com/secure/file.txt
❏ http://rnicrosoft.com/file.txt

你觉得你做得怎么样？下面对每一个网址进行了分析。

❏ 第一个网址是合法的，虽然它缺少了 www，但它确实指向了一个真实的微软网址。
❏ 要小心对待第二个网址，它可能并不属于微软，因为 secure-microsoft.com 中的 “-” 表示它和微软（microsoft.com）的域名完全不同。
❏ 第三个网址是安全的。它属于合法公司，并且文件位于安全的 https 服务器上。secure 子域名是隶属于微软的域名的。第二个网址则试图伪装成一个安全网址，但实际上使用了 “-” 而不是 “.” 来分割地址。“.” 意味着该子域名属于主域名，而 “-” 指一个全新的域名，因此第二个网址是不可信的。
❏ 第四个网址也是合法的。它只是位于下一级域名。
❏ 第五个域名很有迷惑性，不是吗？看仔细了，并不是 m-i-c-r-o-s-o-f-t，而是 r-n-i-c-r-o-s-o-f-t。把小写的 R 和小写的 N 放在一起时，如果靠得足够近且字体合适，那么它们看上去就像一个小写的 M。

恶意钓鱼攻击者还有很多引诱受害者点击链接的手段，这也是为什么学习解析 URL 是如此重要的原因。

这里讲一个我的人生中很重要的故事。有人雇用我进行钓鱼攻击。是的，你没看错。正如前面所提到的，截至你阅读这本书时，我这一年内已经发送了超过 300 万封钓鱼邮件。这个数目很庞大。

虽然如此，每一封钓鱼邮件都是应客户要求而发送的，以帮助他们对员工进行培训，我自己也在安全培训课程中把钓鱼邮件作为课程的一部分。我并不会从其他人那里窃取什么东西，也不会清空他们的银行账户或者毁掉他们的人生。

还记得第 1 章里我访问的假冒亚马逊网站吗？我是说那封钓鱼邮件，我已经发送超过 300 万封钓鱼邮件了——我难道不该察觉到那是一封钓鱼邮件吗？我本该知道的，但是我差点就上当了。你知道是什么救了我吗？URL 解析，因为发送给我的邮件里网址是以.ru 结尾的，所以我察觉到这是一个假冒的亚马逊网站，即使它的页面和真的一样。

即使是有经验的安全专家也会犯错，但是接受相关培训，例如 URL 解析，可以帮助你降低遭受侵害的风险。

攻击者是如何绕过防御的

和前面描述的悬停一样，攻击者可以购买一些看起来合法的域名。这些域名和真实域名越是相近，你就越容易相信它是真的。

攻击者也可以购买一些看起来相近的域名。再次强调，secure-DOMAIN.com 是一个不同于 DOMAIN.com 的新域名，但如果它以一个合法的名称结尾，那么受害者就可能认为这是合法的网址。

同样，黑客会攻击全球范围内的服务器，然后利用这些合法服务器来发送钓鱼邮件。这类攻击是相当危险的，也很难检测。悬停和 URL 解析可以帮助你免受其害。

运用批判性思维，点击前停下来想一想，以及问自己一些分析性问题，这些方法都可以帮助你从容应对。还有就是记住，如果你已经采取了错误的行动，请及时上报相关部门。

4.4 第四课：分析邮件头

◆ 分类：专业

本节提供的是专业建议，因为它深入分析了邮件来源。如果你对邮件头不熟悉，那么本节内容并不适合你。由于有大量的邮件服务商存在，我无法告诉你如何定位每家服务商的邮件头，但是我可以告诉你它们是什么，以及你可以如何利用它们。

你可以在你选定的搜索引擎中输入 **Email headers in <服务商名称>** 来弄清楚你自己的服务商的邮件头。

回到 GPS 地址的类比。你来我家之后，我可以查看你的行程的历史记录来确定你是走的哪条路线。如果你告诉我你走的是第一条路线，但是 GPS 显示你花了大量时间在第二条路线上，那么我就知道你迷路了或者换了一条路过来。

邮件头与此类似，它们可以告知你邮件是如何到达你的邮箱的。来看看我在写这一章时收到的一封邮件。这封邮件声称来自达美航空公司（Delta Airlines），并说我的航空里程账户有异常情况需要注意。

让我们看看能否根据邮件头来判断邮件的真假。邮件头如图 4-4 所示。

图 4-4 好的邮件头还是坏的邮件头

如果你像我一样对图 4-4 所示的内容感到很困惑，那么你可以看看表 4-1，它把邮件头内容拆分开来，这样可以看得清楚一些。

表 4-1　拆分后的 Delta.com 邮件头

邮件头属性名称	值
To（发送至）	chris@social-engineer.com Chris<chris@social-engineer.com>
Reply-To（回复至）	SkyBonus <support-b9f4rtybgyfvyjauze964qcgcvq1ey@e.delta.com>
Delivered-To（已发送至）	chris@social-engineer.com
X-Received（邮件来源）	by 10.60.93.66 with SMTP id cs2mr35264777oeb.34.1410213824746; Mon, 08 Sep 2014 15:03:44 -0700 (PDT)
Return-Path（返回路径）	<bo-b9f4rtybgyfvyjauze964qcgcvq1ey@b.e.delta.com>
Received-Spf（发件人 SPF①）	pass (google.com: domain of bo-b9f4rtybgyfvyjauze964qcgcvq1ey@b.e.delta.com designates 38.100.169.66 as permitted sender) client-ip=38.100.169.66;
Authentication-Results（身份认证结果）	mx.google.com; spf=pass (google.com: domain of bo-b9f4rtybgyfvyjauze964qcgcvq1ey@b.e.delta.com designates 38.100.169.66 as permitted sender) smtp.mail=bo-b9f4rtybgyfvyjauze964qcgcvq1ey@b.e.delta.com; dkim=pass header.i=@e.delta.com; dmarc=pass (p=QUARANTINE dis=NONE) header.from=e.delta.com
Dkim-Signature（DKIM 签名）	v=1; a=rsa-sha256; c=relaxed/relaxed; d=e.delta.com; s=20111007; t=1410213824; x=1425852224; bh=n3Bl59kfRgesEiihAa7OufYB1N1Tbw48mWQs9A0m+x8=; h=From:Reply-To; b=na90z4QbLzz+WWJcC8Yr9QiKrOjAV85X+sso7j2seco90dKG4wtUNm9D/2ZLtJ9T5KXWQPh0bJiVis3c5AouU0hyQuNXrxMYomeQP/uCcyyHMuSmadyYWZQnrJS5ncqQlMKtqTxi8QDMUj4qoGXdsbLksOMqmo1TliQGl4Z9kAA=
Domainkey-Signature（域名密钥签名）	a=rsa-sha1; q=dns; c=nofws; s=200505; d=e.delta.com; b=iP1n1tMBnstdGiMateWZEsGY413IJks5JM3otnDXi9 n4x+4mtUh11VH9aXfoNeAsud5l7AGSpu8BzFvSqn3upQliXj7mGxuHS3WyZp5Ce2n+nWoToywylz+Qyz+dDZfq6H+4lXvridsL60VkWSGTXkV6jDnSWNh6tZBKTcwBwYM=; h=Date:Message-ID:List-Unsubscribe:From:To:Subject:MIME-Version:Reply-To:Content-type;

----

① SPF 是 Sender Policy Framework（发送方策略框架）的缩写，是一种以 IP 地址认证电子邮件发件人身份的技术，被用来识别垃圾邮件。——译者注

（续）

邮件头属性名称	值
Message-Id（信息编号）	`<b9f4rtybgyfvyjauze964qc gcvqley.14705548104.3047@ mta602.e.delta.com>`
List-Unsubscribe（退订信息①）	`<mailto:rm- 0b9f4rtybgyfvyjauze964qcgcvqley@e. delta.com>`
Mime-Version（MIME 版本）	`1.0`
Content-Type（内容类型）	`multipart/alternative; boundary="=b9f4r tybgyfvyjauze964qcgcvqley"`

我们可以看见这封邮件被发往了正确的地址，回信地址和回复人都清楚地指向了 delta.com。我们也可以在域名签名和信息 ID 上看见 delta.com。这表明邮件是来自它所声称的合法地址，这也意味着它是可信的。

在我收到邮件的同时，我也收到了如图 4-5 所示的一封邮件。它给我提供了一份健康保险优惠。

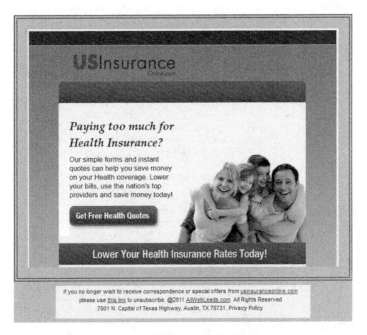

图 4-5　所谓的健康保险优惠

---

① "退订信息"是指服务器提供给用户用来快速退订邮件的按钮的字段。——译者注

仅仅只需要悬停就可以帮我识别出它的真伪了，但是让我们来看看邮件头吧，如图 4-6
所示。

```
☆ USInsurance <USInsurance@frenbury.eu>
   To: logan@social-engineer.org Chris
   Delivered-To: logan@social-engineer.org
   Received: by 10.42.215.69 with SMTP id hd5csp584155icb; Thu, 11 Sep 2014 11:19:04 -0700 (PDT)
   Received: from 1d2e4wpsq.frenbury.eu (1d2e4wpsq.frenbury.eu. [74.199.201.16]) by mx.google.com with ESMTP id
   a93si2170300qge.120.2014.09.11.11.19.04 for <logan@social-engineer.org>; Thu, 11 Sep 2014 11:19:04 -0700 (PDT)
   Received: by 03510818.1d2e4wpsq.frenbury.eu (amavisd-new, port 10820) with ESMTP id 03XWWIA5108QVVLY18; for
   <logan@social-engineer.org>; Thu, 11 Sep 2014 11:19:05 -0700
   X-Received: by 10.140.90.42 with SMTP id w39mr3951809qgd.88.1410459544779; Thu, 11 Sep 2014 11:19:04 -0700
   (PDT)
   Return-Path: <USInsurance@frenbury.eu>
   Received-Spf: pass (google.com: domain of USInsurance@frenbury.eu designates 74.199.201.16 as permitted sender)
   client-ip=74.199.201.16;
   Authentication-Results: mx.google.com; spf=pass (google.com: domain of USInsurance@frenbury.eu designates
   74.199.201.16 as permitted sender) smtp.mail=USInsurance@frenbury.eu
   Content-Transfer-Encoding: 8bit
   Content-Language: en-us
   Mime-Version: 1.0
   Message-Id: <582088556363165820130125529835@1d2e4wpsq.frenbury.eu>
   Content-Type: text/html; charset="UTF-8"
   Health Insurance, no longer breaks the bank | Get no cost-oblig quotes from all the top companies here
```

图 4-6 邮件头 II

在不提供清晰表格的情况下，你能从中看出什么？你看见邮件里所声称的域名
（`usinsuranceonline.com`）了吗？不，取而代之，你看到的是 `frenbury.eu` 这个
域名。一个非美国的网站会给我提供一份美国保险的优惠，这有点奇怪，对吧？看看
表 4-2 里对邮件头的拆分吧。

表 4-2 拆分后的 USInsurance 邮件头

邮件头属性名称	值
To（发送至）	logan@social-engineer.org Chris <logan@ social-engineer.org>
Delivered-To（已发送至）	logan@social-engineer.org
X-Received（邮件来源）	by 10.140.90.42 with SMTP id w39mr395 1809qgd.88.1410459544779; Thu, 11 Sep 2014 11:19:04 -0700 (PDT)
Return-Path（返回路径）	<USInsurance@frenbury.eu>
Received-Spf（发件人 SPF）	pass (google.com: domain of USInsurance@frenbury.eu designates 74.199.201.16 as permitted sender) client-ip=74.199.201.16;
Authentication-Results（身份认证结果）	mx.google.com; spf=pass (google.com: domain of USInsurance@frenbury.eu designates 74.199.201.16 as permitted sender) smtp.mail=USInsurance@frenbury.eu
Content-Transfer-Encoding（邮件编码）	8bit

（续）

邮件头属性名称	值
Content-Language（邮件语言）	en-us
Mime-Version（MIME 版本）	1.0
Message-Id（信息编号）	<58208855636316582013012552988350@1d2e4w-psq.frenbury.eu>
Content-Type（内容类型）	text/html; charset="UTF-8"

显然邮件头中的域名和邮件中的域名毫不相关。回信地址和认证结果也和USInsurance无关；相反，它们来自一个欧洲站点。一个安全意识强的人会对此产生警惕，如果这个站点是一个不受信任或未知的来源，那么他会上报这封邮件。他不会点击其中的链接，而是会删除这封邮件。

攻击者是如何绕过防御的

检查邮件头就可以确保安全了吗？不。正如我们所说，有些钓鱼邮件攻击附带一个目的：对网络进行渗透，然后获取使用 SMTP 服务器的权限。为什么要这么做？

如果你曾经收到过来自朋友的邮件，结果发现其实是一封非法邮件，请举手。（有多少人在书前面举起了手？）

正如米歇尔在第 3 章中提到的，朋友可以很容易地影响我们。钓鱼攻击者知道这一点，他们也知道要让你以为这封邮件是你信任的人发给你的，从而让你信任邮件中的附件、链接或者文件——没有比这刚好的办法了。

钓鱼攻击者会获得合法电脑的访问权限，并使用它们的邮件服务器来给所有的联系人、好友和收件箱里其他随机的地址发送恶意邮件。如果你收到此类邮件并分析邮件头，那么你会看到什么？

你会看到一封合法邮件。如果你选择试着去分析邮件头，仍然要记住在你相信任何邮件之前，你都要思考一下那些批判性思维的问题。尽管分析邮件头可以让你避免点击欺诈邮件，但是并不能 100%保证你可以识别出所有的欺诈性邮件。

4.5 第五课：沙盒

◆ 分类：专业

首先，我想谈谈沙盒是什么，这可以帮助你理解为什么本节提供的是专业建议。沙盒（sandboxing）是一个科技领域的名词，指的是创建一个可以运行未经测试或者不受信任的代码的环境。这些代码可能包含病毒或者恶意软件，或者出于其他原因而不可信任。所以在用户想要在他们的系统或网络中使用它们之前，他们可以拥有一个几乎对主机没有任何影响的环境来执行这些代码。这个概念非常简单，图 4-7 是沙盒的一个简单示意图。

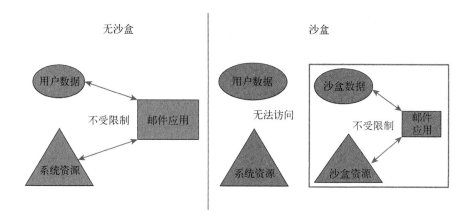

图 4-7 简化的沙盒

这个理论很棒，它对很多威胁都有效。我曾见过有公司把所有收到的邮件集中到沙盒中进行处理。链接可以被自动系统确认，附件可以被扫描，甚至被打开。只有确保安全之后，它们才会被发到指定人员那里。

沙盒的概念很聪明，也很高明。（在 iOS 和 Android 平台上都有沙盒应用，可以用来打开邮件中的附件而不影响手机本身。）一般来说普通家庭或者小型企业根本想不到可以使用沙盒。

很多大公司使用虚拟机来创建沙盒。这种环境允许一个基于任何操作系统的"虚拟"的电脑运行，因此邮件和其他应用都可以在上面测试以确定其安全与否。

尽管我不会讲如何建立一个沙盒（因为那并不是这本书的目的），但我想提及它作为一种可行的防止人们遭受钓鱼攻击的手段。

攻击者是如何绕过防御的

我在写作本章时读到了一个故事，故事是关于邮件中附带的某种恶意软件。这种恶意软件于 2011 年在附件中被发现，能伪装成 PDF、DOC 或者 XLS 文件。

现在看来，这个恶意软件又回来了，并升级成了一个更邪恶的版本。这个新版本包含了一些需要注意的功能。

❑ 它自动安装成一个 Windows 服务，不再只是一个运行程序。
❑ 它通过运行一系列的命令连接到国外的服务器来下载有效载荷。[①]
❑ 它依赖 AppID 或者命令行交互，因此它不会被沙盒检测到。

另外，六年多以前我和马蒂·阿哈罗尼（Mati Aharoni）一起工作，他是 BackTrack（现在的 Kali Linux）的安全专家和创始人，他给我展示了一种能通过虚拟机直接感染主机的恶意软件。

这意味着什么？攻击者变得更聪明了，他们正在学习如何绕过这种我们用来抵御他们攻击的方法。（以五倍语速再说一遍。）

我认为有一条规则与任何人的因素所导致的问题的技术解决方案相通，那就是："仅仅依靠技术，并不能让你免于社会工程人员的攻击。"

与很多我们所看到和提出的好主意相比，我和米歇尔也曾遇到过很多非常糟糕的主意。下一节我们会来讨论这些主意以及它们为什么那么糟糕。

4.6　"绵羊墙"或者坏主意陷阱

很多概念表面上听起来很棒，可以保证员工的安全，其中有些甚至有希望成功，但是我们将其归为"坏主意"一类。

---

①病毒通常会做一些有害的或者恶性的动作。在病毒代码中实现这个功能的部分叫作"有效载荷"。
——译者注

下面是一些我们听说过的在公司使用过的坏主意，本节会谈谈它们是怎么回事，以及为什么它们弊大于利。

4.6.1 复制粘贴，麻烦解决

一条我在一家公司的培训课程上亲眼目睹过的建议是："如果你不确定你在邮件中收到的链接是否安全，那么选中它，然后复制并粘贴到浏览器的地址栏中。"

我很确定你们会立刻明白，为什么这一建议会名列史上最糟糕建议的前茅。但以防万一，我们来分析一下。如果你收到一封钓鱼邮件，里面附有一个链接 www.superbad-hackingsitethatwillruinyourlife.com，你选中它，然后复制、粘贴，那么你猜你会进入哪个页面？是的，你猜对了——你仍然访问的是 www.superbadhackingsitethatwillruin-yourlife.com。

"但是，"你会说，"如果 URL 看起来像是 www.microsoft.com，而它所指向的网站是一个恶意网站，那么复制粘贴不就会失效吗？"

是的，从技术上来说，如果你让你的用户只是复制那段文本，那么他们会访问的就是那个文本所示的网站。但是如果用户误点了那个链接而不是复制，或者他们错误地选择了右键复制那个链接而不是选中复制，或者他们做了上述两件事的组合，他们仍然会访问到一个恶意网站，并有可能将恶意软件带入到你的网络中来。

所以说，安全起见，我们告诉普通用户不要点击链接。不要靠近它。不要复制粘贴它。除非你非常熟悉如何解码 URL，否则不要试着分析它。

4.6.2 分享也是关照

另外一个主意是这样的："我刚收到一封邮件，我认为可能是钓鱼邮件。我把它转发给我的最懂电脑技术的五位朋友，这样他们就能告诉我这是不是钓鱼邮件了。"

如果你这么做了，那么你所做的就是转发了一个有潜在危险的恶意邮件给了五位朋友。如果这些朋友和你在同一家公司工作，那么你可能在公司里散布了潜在的威胁。如果他们在另一家公司工作，你可能传播了病毒，帮社会工程人员做了他们想做的事。

上面这个主意和这个说法很类似："我认为我感冒了。我要去向我的五个朋友咳嗽，如果他们也感冒了，那么我就可以确认我确实感冒了。"

在一次审计中，我做了一下 USB 密钥遗失测试。我们在 USB 密钥中放置了一个 PDF 文件，这个文件的功能是"给家里打电话"。它在连接我们的服务器后，会连接到一个 Metasploit[①]服务器上，并给我们一个远程 shell（或者说对用户电脑的远程连接）。这个 PDF 文件被命名为 EmployeeBonuses（员工奖金）.PDF。

我们把这个 USB 设备放在事先约定好的地方，然后回到办公室。等我们回去时，我们已经有七个 shell 了。我们知道我们只放置了一个设备。我们开始寻找 shell 所处的单位，然后在人事部门、IT 部门以及同一部门的其他地方发现了它们。

我们感到疑惑不解吗？是的，但我们也很高兴，因为这下我们有很多系统可以选择了。随后我们询问了一下发生了什么，于是我们被告知当第一个人试着打开 Employee-Bonuses.PDF 文件时，文件崩溃了，于是他拿着这个 USB 设备去了他在人事部门的一位技术更高明的朋友那里。当文件在第二个人那里崩溃时，他们拿着它去了 IT 部门的一位朋友那里，这位朋友在他的三台电脑上尝试打开这个文件。最后，这位人事部门员工非常沮丧地随便找了一个人，说："试试打开这个。"然后这位员工照做了。

本质上来说，这些人在试图打开这个文件看看他们的奖金时把它传播到了整个公司里。在这种情况下，分享并非是一种关照，尽管你的祖母可能告诉过你乐于分享的好处。可疑的钓鱼邮件也是同理。希望你的公司有一套设计好的方法来报告钓鱼邮件。如果没有，赶快给我打电话吧。

4.6.3　移动设备是安全的

我曾无意间听到有人这么对另外一个人说："如果你认为这是一封恶意邮件，那么就在你的<iPad/iPhone/Android 设备/Windows 移动设备/其他移动设备>上打开它。它们不会像你的电脑一样感染病毒的。"

听完这话后我有些无言以对，我礼貌地对那个人解释说如今已经有很多针对手机的恶意软件和病毒了。我纠正了他错误的概念，并告诉他这么做是多么危险，以及为什么

———————————

① Metasploit 是一款开源的安全漏洞检测工具。——译者注

说这是一个巨大的威胁的原因。

让我们更进一步。想想假如你的公司允许 BYOD（bring your own device，自带设备），然后你的一位客户把他所有的垃圾邮件都发到他的 iPad 上了，这样他就可以用他所认为的个人沙盒打开它们了。现在他带着他的设备来到你的办公室，然后他做了什么？把设备连接到你们公司的网络里。

这下你的公司网络布满了病毒。在移动设备上打开恶意邮件绝对是你想要立刻抛弃的"建议"之一。

4.6.4　好的反病毒软件可以拯救你

反病毒，顾名思义，它试着阻止病毒。它是如何做到的呢？病毒有自己的签名——这是一种病毒内存在的一系列起指纹作用的代码。就像你的指纹可以用来识别你的身份一样，病毒的指纹也可以用来识别病毒。

这些病毒的指纹被放进了反病毒软件的数据库中，然后反病毒软件对你的电脑进行扫描。如果发现某个网页、文件、文件夹或者程序有这些指纹，那么反病毒软件就会清除它，以确保它不会造成进一步的破坏。

很棒，不是吗？是的。但是反病毒软件是管理软件，而不是安全软件。反病毒软件可以帮助你识别出已知签名的病毒。但如果病毒是新出现的，还没有登记指纹呢？如果病毒使用多态 shellcode（shellcode 会在每次载入时改变自己的签名）呢？

你认为我过于夸张了吗？我是在谈某种科幻的东西吗？不。我的好朋友大卫·肯尼迪，一个叫作 SET（Social-Engineer Toolkit，社会工程人员工具包）的渗透测试工具的开发者，就做到了这一点。他使用这款工具进行的攻击每次都会使用相同的 shellcode，但是大多数时候，所有的反病毒软件都无法检测出来。如果好人可以这么做，那么我们可以假设坏人也在这么做。这是否意味着你应该放弃反病毒软件，不再浪费钱购买它们了？不，当然不是。继续使用反病毒软件吧，因为它能抓住那些已经流行了一阵子的讨厌的病毒，但是不要把它当成救世主，因为它不能帮助你抵御有特别目的的攻击者。

4.7 总结

最后一节谈到了 shellcode，这使我想起了一个编码工具——一个人们可以通过对 shellcode 进行编码来给它一个全新签名的小程序——Shikata Ga Nai。这是一个多态编码工具，名字来源于日文，意思是"无事可做"，也可以翻译成"没有希望"。在回顾我们前面几节中所谈到的内容后，你可能会感觉 shikata ga nai，但是不要担心。我的目标就是让你找回一些希望。

此处列举一下目前我们所知道的一切。

❑ 坏人更高明、坚定和努力。他们似乎领先于你，并依靠你的弱点取胜。

❑ 仅仅依靠技术是救不了你的，技术也不应该被视作社会工程学的解决方案。

❑ 钓鱼攻击是真正的威胁，一种会让你失去你的银行账户信息或者机密信息，以及介于二者之间的所有东西的威胁。

❑ 如果你的工作是确保公司安全，那么你需要找到那些给你出坏主意的人并清除它们……我是指，清除掉坏主意，而不是人。

如果所有这些都做到了，那么你还能做些什么？

教育是解决问题的关键。你必须与公司一起努力来进行持久的、定期的、基于真实案例的教育，要让员工有根深蒂固的观念，并创建安全意识文化。

现在你可能会说："我让所有员工参与 30 分钟或者 60 分钟的机考，我给他们足够长时间的测试，我每个月给他们发送长达五页的安全知识邮件，但是他们就是学不进去。所以，教育没用！"

我同意你的观点。这种教育的确没用。你每天收到多少封邮件？50 封、100 封、200 封？你有一份全职工作吗？现在要你把会议、电话、报告、个人邮件、个人问题、工作压力都放到一边，去参加一个 60 分钟的强制性机考，你认为大多数人对此会怎么想？

我可以告诉你，但是你可能不想听。这种感觉就像听见钱在火炉里燃烧一样。

这个问题的答案并非像你想象的那样糟糕，也并非要你对所有的用户进行重新编程，解雇所有人，然后重回纸笔工作。

第 5 章就是围绕着这一主题展开的。

第 5 章
规划钓鱼攻击旅程：开展企业钓鱼攻击项目

> "要么去做，要么放手……没有尝试的余地。"
>
> ——尤达（Yoda），《星球大战 5：帝国反击战》

目前为止你已经读了前四章，你可能会说："好了，我明白你的意思了，并且 100%同意你的观点……那么然后呢？"

无论你相信与否，我每天都碰到你这样的人。凡是关注这世界正在发生什么的公司都会意识到对安全的需求。他们知道几乎每一起攻击中都会用到钓鱼邮件、语音钓鱼和社会工程学，他们也不想成为报纸上的下一个统计数据。

很多安全专家都会在谷歌上快速搜索，查看哪种手段被用得最多。很快他们就会发现钓鱼攻击几乎总是位居榜首。下一步他们就开始搜索钓鱼攻击教育培训。

一家公司可能会告诉你："只需要使用我们的模板，你会大吃一惊的。"另一家可能会说："你必须在吓唬员工这方面强硬一些。"然而又有一家可能提出这种建议："你让他们尴尬或者出丑，他们就能学会。"第四家可能又会说："维持教育和一种健康的恐惧之间的平衡是最好的。"

你会如何选择？你该如何判断哪种方式最有帮助？

正如第 4 章所提到的，我和米歇尔仅在去年就已经发送了——准备好了吗？——超过
300 万封钓鱼攻击邮件。在这些钓鱼攻击邮件的基础上，我们收集了目前为止最好、
最坏和最笨的主意。

本章的目的是概括我们用来帮助客户降低钓鱼攻击邮件点击率的办法，他们的钓鱼邮
件点击率几年内从超过 80% 降低到了 5%。本章的内容基于这几年的培训课程，经过
了尝试和测试，现在我们把它呈现给你。

说明　点击率代表的是雇员点击钓鱼邮件的比例。

但是这里有一个问题：我是专门出售公司钓鱼保护项目的。所以我该如何讲述所有这
些知识并教你如何保护你或你的公司，还能使这一切听起来不像是销售宣传呢？我和
米歇尔讨论了很多个下午，最后我们提出了一个好办法。

我们花了很多年来制订和测试这套培训。现在我们对它进行了重新改良，使你能尽快
上手，这样我们就能帮助尽可能多的人来准备好这场与钓鱼攻击市场进行的战争。

说明　本章的目标是告诉你我在最近这些年里学到的一些东西。这样一来，你花在
　　　　"市场"里的时间会更少一些，但收获会更大一些。

首先我们来看一些基础问题，然后我们将一起开展项目，最后会概览一下在公司实施
这个项目的方法——无论公司有 100 人还是 100 000 人。

5.1　基本方法

很多人知道我们喜欢烹饪（和吃），任何美味的一餐都始于一些基本的问题：

❑ 我想吃什么？
❑ 我应该用什么配方？
❑ 这一餐的目的是什么？

❑ 有其他的需要准备的东西吗？例如盘子、配菜等？

如果你替我问米歇尔这些问题，那么她只会告诉你"羔羊肉"——但我该回到主题上来，因为本章并不是关于食物，而是关于我们的钓鱼攻击培训。但是钓鱼攻击培训和做饭类似，在你能够开始培训之前，你必须解决一些基础问题。

说明　不要被骗了——对你所在的组织进行钓鱼攻击听起来很简单，但是只是简单地发送钓鱼攻击邮件而不回答下面这些问题会导致失败。

5.1.1　为什么

问"为什么？"似乎是很简单的，但是你的答案应该是能对你的钓鱼攻击培训有所改变的。为什么你要开始这一培训？你曾经因为下面的理由进行过钓鱼攻击模拟吗？

遵守规定

公司政策、董事会，或者有些情况下合同谈判都能决定他们想要你的组织进行何种测试。我们在和一些大公司合作时遇到过这类情况。政府规定或者其他规定要求公司进行钓鱼攻击测试并报告结果。

对于开展钓鱼攻击来说，遵守规定并非一个坏理由，但是如果这是唯一的动机，那么正如我们所发现的，很多公司都会选择最小的难度然后拿到数据就完事了。这种简单服从的测试会导致倾向于使用稍弱一些的模板，人们往往只会查看一下钓鱼邮件点击率。

再次强调，确定一条基线是很好的，但对于钓鱼攻击培训来说，不要把遵守规定当成唯一的理由也是很重要的。

被告知进行钓鱼攻击模拟

有时候某位老板、首席信息安全官，或者其他人会要求某个部门组织并发送钓鱼邮件来进行钓鱼攻击模拟。当我听说这是开展钓鱼攻击项目的动机时，我会和提出这一要求的人聊聊，从而找出驱使他进行模拟训练的（列在这里的某一种）原因。如果你被告知要开展这一项目，那么你也应该问问他们这些问题。

尝试增强安全意识

很多公司把钓鱼攻击模拟当作他们的年度常规项目之一，用于测试人们受钓鱼攻击的影响程度。这些测试可以每月或每季度组织和发送，并且它们几乎总是有教育作用的。

安全意识是非常常见的一种开展钓鱼攻击模拟的原因，它是公司具有前瞻性的体现。通常定期参与钓鱼模拟会对营造安全文化有显著的影响，这是一件好事。

另外，我们曾经看到过有人从对钓鱼攻击一无所知到能够（在家和在工作中）识别出最高级别的钓鱼攻击的转变。这是开始钓鱼攻击培训的一个很强大的理由，对你的员工如何看待安全意识有着长久的影响，这也能让他们看到公司有多么重视他们以及他们的福利。

经历安全事件后的启示

很多公司是在发现漏洞或者发生类似的安全事件后进行钓鱼攻击模拟的。模拟是为了首先设置一条基线，然后教育人们或者解决一些问题，再重新测试看看状况是否有所改善。

当然，不幸的是，很多公司在被攻破后或者嗅探到钓鱼攻击后才这么做。我见过钓鱼攻击模拟的结果被上报给董事会后，董事会决议开展一系列持续的钓鱼攻击模拟来提高安全意识的情况。当然，这是很好的，可以让人们受到教育以保证安全。

我的观点是组织机构不应该等到被攻击后才开展这类项目。"鸵鸟"安全法（把你的头埋在沙里，假装你不会被攻击）很少起作用。安全委员会已经不再说"如果你被攻击了"，转而开始说"当你被攻击时"，因为似乎早晚我们都会遭受攻击。

不要做枝头低垂的果子——在钓鱼攻击者把你从树上摘走前就进行训练和教育吧。

把钓鱼攻击当作渗透测试的一部分

对公司来说，把钓鱼攻击当作渗透测试的一部分已经变得很寻常了。这么做可以有很多办法。有一种钓鱼攻击方法可以使得 shell（或者远程访问你的网络）成为可能，通过载入可执行文件或者包含允许渗透测试人员远程访问网络的代码的附件。在另一种方法中，钓鱼攻击会引导你访问一个页面，这个页面会收集你的证书信息。第三种办法则是诱导员工访问一个 404 错误页面,而员工并不会被告知他或她正在接受钓鱼攻击模拟。而第四种方法则引导员工访问一个教育页面。①

不管你的公司做出哪种选择,把钓鱼攻击模拟当作渗透测试的一部分都是一个好主意。我知道这句话会引出另外的一些问题。例如,我现在的渗透测试公司能够很好地进行钓鱼攻击测试吗?它在安全领域有经验吗?我们对这一测试应该抱着什么态度?

这些都是很好的问题。在与渗透测试公司进行沟通之前,你的头脑中应该已经有了清楚的答案,这样才能确保得到你想要和需要的服务。

为什么问为什么

好了,你现在对想要开展培训的基本原因有了比较清晰的认识,但是为什么了解想要开展培训的原因是很重要的呢?

很简单。因为这个答案会影响你组织培训的方式、使用钓鱼攻击的方式、所选择的媒介,以及所期待的结果。

举个例子,想象你开展培训的原因是因为遭受了一次攻击。你并不期待任何钓鱼攻击服务商会立刻帮助你把钓鱼邮件点击率从 90% 降低到 10%,对吧?在被攻击后立刻做出反应是很难的,这需要快速行动和快速决策。所以此时你培训的主要目标是让人们知道钓鱼攻击是什么、它看起来是什么样的,以及如何缓解而非降低总点击率。

然而,如果你开展培训的理由是为了在接下来的 12 个月里提高人们的安全意识,那么你会很自然地期待惊人的变化。

在开始"烹饪"前,了解你为什么想进行钓鱼攻击培训,可以帮助你更好地开展它,为你的员工和上级领导做出更美味的佳肴。

在你知道为什么要开展培训后,接下来要确定你该怎么做。

---

① 教育页面,即点击钓鱼邮件链接后,会引导你进入一个关于防范钓鱼攻击的安全教育页面。

——译者注

5.1.2　主题是什么

当你准备做饭时，可能会想想主题。例如，当你为超级碗派对准备一桌菜时，你可能不会使用与结婚 20 周年纪念日相同的主题，对吧？（我当然希望你不会在 20 周年纪念日时只是用餐巾纸扎个翅膀然后就坐在电视机前了。）关键是用餐的主题会改变其展现的形式。

这可能听起来有点熟悉，类似于前几节中提到的问题，但是有一些重要差别。接下来会讲一些常见的主题。

通用型

这一类几乎覆盖了所有的情况，从古老的 419 骗局到伟哥广告。我想说这一类钓鱼攻击已经很少见了，但是如果你的组织机构之前从来没有遭受过钓鱼攻击，而你想要用一些容易识别的邮件来开始这个培训项目，给大家热热身，那么你可以考虑把它当作饭前开胃小吃。

通用型钓鱼攻击能够帮助你划定一条基线，看看人们对带链接的东西有什么样的反应，而且你能够发现他们在发现可疑的事物时是否采取了适当的行动。

一点建议：如果你决定和服务商一起或者独自开展培训，那么确保你的项目并没有在通用型上停留太久。花太长时间在那些很容易识别出的钓鱼攻击上会让人懊恼。

媒体/新闻

现实世界中这类钓鱼攻击更为常见。这里举一些例子。

❑ "有人在对你进行背景调查。"
❑ "突发新闻。<插入某个地名>有炸弹爆炸了。"
❑ "<插入某种灾难>重大新闻！点击此处查看更多。"
❑ "你被邀请接受 CNN 的采访。请选择一个你方便的时间段。"

不管原因是什么，新闻和媒体总是广泛用于钓鱼攻击，这一主题会吸引很多人的兴趣。它可以帮助教导你的学员如何辨别真假新闻故事，以及了解钓鱼攻击者在利用某个特定主题时的目的是什么。

其他主题/来源

我在前两节中列出的邮件类型只是部分例子。实际上钓鱼邮件有很多种，即使没有上百种，也远远超过了此处能够列出的数量。

由于我不能把它们全列出来，我会把与你的公司无关的其他主题包括进来，它们可能来自供应商或者内部来源。看上去似乎来自 Facebook、亚马逊和 Linkedln 的钓鱼攻击邮件都可以被纳入其中。

- 供应商

社会工程人员用来查找目标公司的一种办法是：查出目标所使用的全部供应商。钓鱼攻击者会研究废品管理公司、电话和网络提供商、电力公司、软件和硬件供应商，甚至你的安全服务供应商。

为什么这些信息对他们来说很有价值呢？因为社会工程人员知道，你和你的员工更倾向于信任可信的供应商，并更愿意打开来自它们的链接、附件，或者向它们提供信息，而新出现的陌生来源很难做到这一点。

钓鱼攻击者凭借这一事实，想要让你"采取一些不符合你的最佳利益的行动"，他们愿意冒充你的供应商来达到这一目的。一位社会工程人员如果知道你的废品管理公司叫 Waste-R-Us，域名是 www.wasterus.com，那么给你发一封来自 accounting@waterus.com（是的，是故意拼写错的）的邮件就可能会让你打开一个含有恶意代码的 PDF 文件。

一个难题是：安全服务供应商使用其他公司的商标和标志来做测试是合法且符合伦理道德的吗？我对此有一些思考，会在下面的 5.1.3 节中进行讨论。

- 内部来源

内部邮件看上去是一个很好的主题，可以帮助你的员工理解钓鱼攻击的危险性。让员工接触看起来和你的公司网址相似的 URL，或者声称来自人事部门、IT、管理部门或者 C 级管理者[①]的邮件，都能帮助他们了解钓鱼攻击者的惯用手段。这是帮助你的员工来熟练地解码 URL 并学会更仔细地观察邮件地址的一种很好的办法。（更多关于这

---

　　① 指 CEO、CFO 等级别的管理者。——译者注

些保护手段的信息详见第 4 章。）

你想要把这一主题的钓鱼攻击训练提升到何种难度？我们公司从来都不推荐从最高难度开始。你不会想让员工感到无助的。我建议刚开始这一主题时不要太难，可以在邮件中留下一些提示，然后再逐渐提升难度。

是的，我听过一些争论："坏人不会在意的，他们今天会展开最高难度攻击的。"我同意这一点，但也不要忘了这一简单的事实：我们并非坏人。我的意图和目的是不同的。我的目的并非展示"你的员工有多笨"，而是帮助你开展优质的培训，使得你的员工在工作中和生活中更安全。这并非是通过让人们觉得自己很笨和毫无希望来达到的。所以，尽管从简单的部分开始并非 100% 贴近现实，但是这一方法确实可以在训练中奏效。

目前为止，你会感觉选择主题和开展钓鱼攻击培训的原因一样重要。在你进行下一步之前，花点时间仔细考虑这两节的内容是很重要的。对于为何开展钓鱼攻击培训以及打算以何种主题开始先有一个清晰的想法，然后就可以确定钓鱼攻击培训的哪些特征可以帮助你把培训办得更贴合实际、更有教育意义、更成功。

5.1.3　要不要在邮件中使用商标

在继续按培训规划走下去之前，我需要停下来讨论一个在钓鱼攻击社区一直很热门的争论："要不要在邮件中使用商标，这是个问题。"

想象你收到一封来自希腊的某个组织的钓鱼邮件，它看起来像是一封来自 UPS（联合包裹速递服务公司）的邮件——它有商标，措辞也很官方，甚至在页脚有法律术语。尽管邮件被设计成来自 UPS 的样子，邮件中的链接却都指向一个恶意的信息窃取网站，这个网站会窃取你的密码、用户名、账户信息，等等。

随着坏人越来越多地使用这种技术，很多公司都开始选择在邮件中使用商标的钓鱼攻击模拟来测试员工的反应。这一决定激起了钓鱼攻击专家、供应商、法律部门，以及那些公司商标被用作测试的公司之间的争论。

在我发表意见之前，我先说两句：我并非律师，我所提供的也不是法律建议。你应该先找一家律所进行咨询，再决定是否在钓鱼攻击模拟中使用商标或者其他品牌标识。

现在暂时不考虑这些，以下提供了一些基本的信息。

商标是指公司用来表示产品或者服务属于它们的文字、图像、短语或者符号。美国联邦法中主要的商标法规是载于《美国法典》第十五编的《兰哈姆法》（Lanham Act, 15 U.S.C. §§ 1111–1129）。尽管商标法在过去几十年来有所发展，添加了很多复杂的条款，但一些基本要求是不变的：原告必须在开庭前找到被告未经授权使用商标的证据。

❑ 原告必须证明拥有有效商标。

❑ 原告必须证明被告在未经授权的情况下，在所出售的商品、服务或广告上使用了相同或者相似的商标。

❑ 原告必须证明被告使用这个商标容易造成人们的混淆。

其中第二条对钓鱼攻击来说最为关键，因为它表示如果不在含有广告或者产品促销信息的钓鱼邮件中使用商标，那么会更安全；反之则不然，即使你只是用它来愚弄你的客户或者你自己的员工。

在你决定是否使用商标前，还有一些其他问题要考虑。

❑ 你和你的客户有可能得到商标持有者的授权吗？（如果可以，那么请确保得到纸质的许可。）

❑ 即使有很好的理由表明你没有侵犯其他人的商标，并且你最后在法庭上获胜，你也要考虑到昂贵的律师费、所耗费的时间和所承受的压力。如果真有公司决定起诉你，那么你做好在庭审上花费大量的时间、金钱和精力的准备了吗？

❑ 你正考虑在钓鱼邮件中使用某家供应商的商标以显得更真实一些，但是否你的客户也在使用那家供应商的服务？如果不是，那这么做值得吗？举例来说，我见过一个使用 UPS 商标的钓鱼邮件，它几乎骗过了所有人。但是我现在的客户只用 FedEX（联邦快递）。因此，如果仅仅是为了使用 UPS 商标而向这位客户提议在训练中使用带有 UPS 商标的钓鱼邮件，那岂不是太傻了吗？

在钓鱼攻击模拟中，你对这些问题的回答会极大地影响着你对是否使用以及如何使用商标的态度。

我知道你现在可能想知道我的意见，让我来告诉你吧。我赞成使用商标。以做饭为例，我第一次试着做奶酪蛋糕时没有用烤盘。做出来的蛋糕没问题，但是不像外面卖的那么好看。如果你们中有人也做过奶酪蛋糕，那么就会知道并不是买回烤盘就可以使用了。你需要做一些准备，进行一些练习，但当你做完这些的时候，你的成品会令人惊艳。

含有商标的钓鱼攻击模拟是一种非常高级的的手段，需要练习才能完美开展。如果你与某家供应商合作，那么确保向供应商询问使用其商标的惯用做法；如果你独自开展这一培训，那么确保你已经回答了本节前面提出的问题。

最后要说的是，我已经使用过商标很多次，出错也有很多次。我说"出错"并非是指我被告上法庭，但确实有人对此感到不开心。

如果你想用商标，但是开始时有一点紧张，那该怎么办？看看图 5-1，你看到了什么？

图 5-1　UPS 还是 USP

如果你在钓鱼攻击模拟中使用这个商标，那么它足以让你的邮件看起来像是真的吗？你能够这么做而不惹任何麻烦吗？

我不能为你或你的公司回答这个问题，和你们公司的法律部门聊聊吧，解释一下情况，看看这种钓鱼攻击模拟怎么样。想想你的公司或供应商能否得到商标拥有者的签字授权。咨询你的律师，向他们寻求帮助，弄清楚如何站在法律这边——因为坏人正在使用商标，并且这一招很奏效，所以人们需要了解坏人所使用的招数。

5.2 开展培训

目前为止，你已经理解了为什么要对你的员工进行钓鱼攻击培训。你的培训有了定义明确的主题。你甚至对你是否要使用商标有了更清晰的感觉。

那么剩下的问题就是："我该如何开始？"我和米歇尔开展了一个在许多来自各行各业的公司中都有效果的培训，并且我们认为把它分享出来是很重要的。

是的，正如我所写的，我正试图帮助更多的人，而不仅仅是现在的这些客户。我认为把这些知识分享给大众是非常重要的。

这个培训非常简单，尽管有时听起来非常复杂，但是背后的原则和其他值得去做的事情是一样的。当你开始健身时，你不会一开始就想要提起地球上最重的东西，对吧？你会先从小的东西开始，逐渐增加重量，然后突破；再保持、再增加、再突破；再保持、再增加。钓鱼攻击培训与此类似。我们会帮助你突破，教导你如何保持这一水平，以及之后如何取得进步。然后你就可以循环这一过程了。

在你了解这一循环背后的原理之前，你就会成为一个奥林匹克级别的钓鱼攻击专家。这个培训项目可以分为下面六个部分：

❑ 设定基线
❑ 设定难度等级
❑ 编写钓鱼攻击邮件
❑ 追踪和统计
❑ 报告
❑ 重复

下面分步进行叙述。

5.2.1 设定基线

曾经我在安全会议 DerbyCon 上有个特别好的机会来使用一个趣味版的测谎仪。我们首先会问一些特别尴尬的问题，然后看被测者是说实话还是说谎并逃避。测谎者首先要设置一条基线——也就是说，测谎者要先问一个不可能撒谎的问题来看看被测者的真实反应。我们的基线问题是："这间房里的灯亮着吗？"

这条基线的作用是帮助测谎者了解当一个人说实话时的心跳速度、呼吸频率和出汗量。当测试开始时，可以通过基线来衡量其波动程度。

成功的钓鱼培训项目都始于基线。但是你该如何为钓鱼攻击设定基线呢？这里有两种理论："警戒线"和"出人意料的钓鱼攻击线"。

警戒线

第一种设置基线的办法是告诉员工你正在进行钓鱼攻击项目并发出警告。大体上，你要宣布开始进行钓鱼攻击，并解释你的目的是为了给公司和个人营造更安全的环境。你会以某段时间为间隔，给他们发送钓鱼邮件。

建议你甚至可以告诉他们你想要他们采取什么行动：

□ 识别钓鱼邮件
□ 报告钓鱼邮件

当这种提前警告的信息在公司里传播开来，将会产生很大的影响，它能帮助员工了解接下来会发生什么以及该如何应对。

出人意料的钓鱼攻击线

第二种开展钓鱼攻击培训的方法更激进一些。这种情形下你不需要事先警告然后再设定基线。你在没有任何提示的情况下发送钓鱼攻击邮件，然后看看结果如何。

为什么有些人会选择这种方法呢？因为这种方法提供了最清晰的情况，可以看到员工面临真实世界的钓鱼攻击时的反应。

另一些人选择提前警告他们的员工，因为他们想让员工在每次教育机会中都能有最佳的准备以抵御钓鱼攻击。

哪种方法更好？老实说，我不能给你答案。这取决于你们的企业文化、员工、经验，以及很多其他因素。

我能说的是，这两种方法都能帮助你设定一条基线，都能帮助你将钓鱼攻击作为一种教育员工的工具。我的建议是选择最适合你的那种，然后以此作为训练的开端。

在你决定如何设定基线后，你该如何得知应该发送何种钓鱼攻击邮件呢？

5.2.2　设定难度

即使你从本书中什么都没有学到，也请留意这一节，因为这是整个项目最关键的地方。这一节非常重要，因为这是设定钓鱼攻击难度的一节。近些年来我一直在将我见过的钓鱼攻击邮件进行分类。当我和米歇尔开始一起共事时，我们创建了一个钓鱼攻击库，里面包含了大量真实的钓鱼邮件示例，并按照系统进行了分类。

这一系统的分类依据是钓鱼邮件的难度级别——具体来说，是根据识别它是否为钓鱼邮件的难度进行划分的。我和米歇尔把它们分成了下面四类，几乎可以囊括所有基本钓鱼邮件。

下面将带你概览一下不同等级的钓鱼邮件，然后讨论一下如何利用它们。

一级钓鱼攻击

一级钓鱼攻击是最容易识别的，通常与（第 1 章中描述过的）419 钓鱼邮件相关。有很多指标可以识别出它是"钓鱼攻击"，大多数普通用户都应该觉得能很容易找出这类邮件不对劲儿的地方。

当我和米歇尔开始为这些邮件分类时，我们挑出了一些显著特征，可以用下列指标来划分一级钓鱼攻击：

❑ 非指向性问候和结束语；
❑ 拼写错误和糟糕的语法；
❑ 简易的信息/不太可能成立的理由（例如"你已经继承了上百万美元"）；
❑ 引起贪婪、恐惧或者好奇的心理；
❑ 文本中出现恶意链接；
❑ 奇怪的邮件地址/未知的发件人。

大多数情况下，一级钓鱼攻击具备很多上述特征。尽管你可能不会看到以前那么多的此类的真实邮件，此处也提供了一些例子。

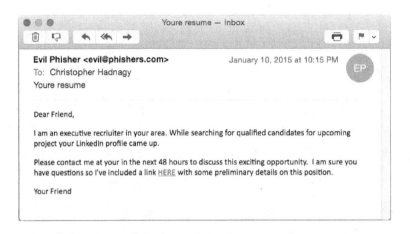

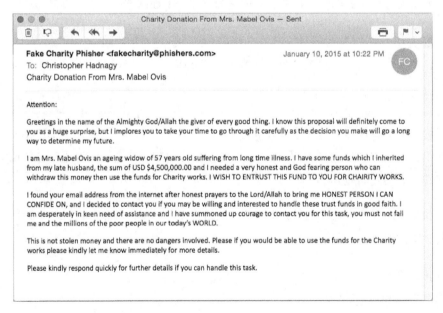

这里的一级钓鱼攻击似乎看起来很蠢，但是不管你信不信，它们的确有效。记得米歇尔写的关于影响的那一节吗？这些邮件之所以有效是因为贪婪和恐惧。对潜在的损失的恐惧、内心的贪婪，以及对"如果……那会怎样"的好奇心超越了逻辑和理性的力量。

真实生活中的一级钓鱼攻击

我曾经见过这样一个人，他曾协助发起过恶意攻击，他告诉过我的悲惨故事让人颤栗。他和他的同伙不仅会发送钓鱼攻击邮件，还会用真人扮演来让一切显得更可信。让我给你举个例子。

假设你不幸回复了这类邮件。你会收到回复，告诉你需要签署法律文件，而且会面安排在某个城市的一间办公室里。

当你走进办公室的时候，你会看见一个穿着像是<插入邮件来源所在的国家>军队制服的人，他面前摆着很多看起来相当正式的文件。你会被要求签署银行转账表格、法律权利表格、律师表格——这些都与邮件里声称的相符。然后你要交给他们一张 5000 美元的支票。这与你日后会收到的 450 万美元相比，看起来只是一个小数目。不幸的是，由于政府原因，一周后你会被告知需要另付 5000 美元来帮助取出政府所拥有的钱。

我认识的人告诉我，在拿走受害人 5000 到 15 000 美元后，他和他的同伙就会消失不见。一次对 5 个、10 个、20 个或者 100 个人发动这样的攻击，对于一个外国团伙加上若干名美国的操作者来说运气并不算坏。一个月里他们就可以拿到 100 万到 400 万美元——是的，你没看错——然后就消失在落日里。

因此，你不应当嘲笑他们，也不应当认为一级钓鱼攻击很蠢而且根本不会奏效。还记得我告诉过你我在去年发了 300 万封钓鱼攻击邮件吗？其中一级钓鱼攻击有5%到7%的点击率，因此，最少有 15 万人点击了这类邮件里的链接。钓鱼攻击者只需要一个愿意点击和打开恶意软件的人就可以摧毁你的网络，所以 15 万人并不算少。

二级钓鱼攻击

二级钓鱼攻击更复杂，尽管也有与一级钓鱼攻击类似的指标，但它的主题更为巧妙和隐蔽。我和米歇尔归纳出了下面这些特征：

❑ 非指向性问候和结束语；

❑ 拼写正确但有一些语法问题；

❑ 信息更复杂但仍然很基本；

❑ 引起贪婪、恐惧或者好奇的心理；

❑ 文本中出现恶意链接；

❑ 奇怪的邮件地址/未知的发件人。

如前所述，它有很多和一级钓鱼攻击类似的地方，但是我们注意到有一点不同，那就是主题。"你中了 450 万美元大奖"这类主题更少出现，更多的是基于公司信息或个人信息的邮件，它们利用好奇和恐惧作为驱使你采取行动的因素。

下面有一些真实的例子：

正如你所看到的，这些钓鱼攻击更注重激发好奇和恐惧，尝试让收件人点击链接以获取他的个人信息或者渗透进公司的网络。

在第一个例子中，邮件里的名字是错的，目的是为了引起好奇心。如果你收到一封这样的邮件，那么你可能会想："等等，我收到某女士的医疗记录了。我想知道她为什么去医院。我就看一眼。"

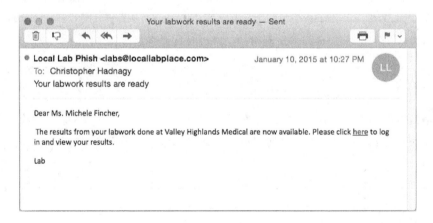

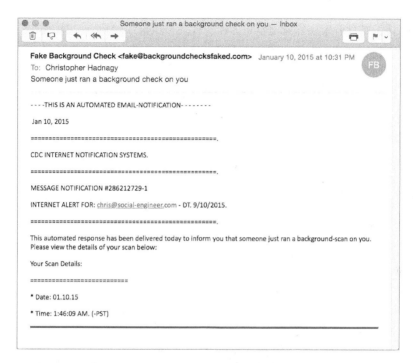

第二个例子利用的是人们害怕别人发现自己深藏的秘密的心理。

这两个例子都驱使你想要去点击链接、打开附件，或者采取一些你绝不该采取的行动。

三级钓鱼攻击

三级钓鱼攻击接近于真实世界中的鱼叉式钓鱼攻击（属于最高级）以外的针对性钓鱼攻击。三级钓鱼攻击邮件复杂而难以识别。

三级钓鱼攻击有下面这些指标：

❑ 指向性问候和结束语；

❑ 正确的拼写；

❑ 不错的语法；

❑ 复杂的信息，会引起恐惧或好奇的心理；

❑ 文本中出现恶意链接；

❑ 有时候会出现奇怪的邮件地址，但是发件人看起来是合法的；

❑ 很多时候出现商标。

三级钓鱼攻击邮件看上去非常真实，即使专业人员也可能中招，或者需要时间才能判断出它是真是假。前面提到的伪装成来自亚马逊的邮件的例子就是三级钓鱼攻击。

这一级别的钓鱼邮件信息倾向于不与恐惧相关联。我并不是说攻击者不再利用恐惧——因为他们确实还在利用——但我们看到的是，利用其他类型的驱使因素的情况正在增加，如贪婪、移情、渴望和好奇。

在写这一节时，另一个 AT&T 内部漏洞的新闻正闹得沸沸扬扬。数以千计的账户正处于危险之中。当我提醒家人和朋友可能会有潜在钓鱼邮件攻击或者语音钓鱼攻击时，我收到了图 5-2 所示的信息。

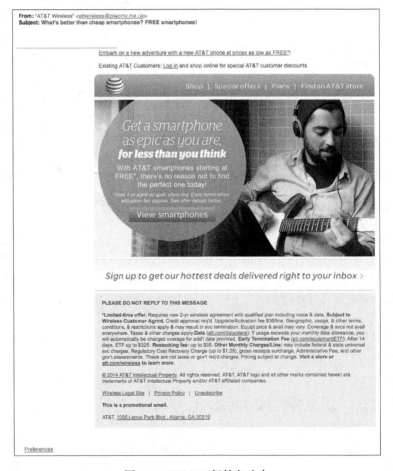

图 5-2　AT&T 三级钓鱼攻击

让我们把这封邮件依据之前提及的特征进行分类，来看看这类钓鱼攻击是多么聪明和狡猾。

- 指向性问候和结束语。尽管邮件没有指向性的问候，但想象一下，如果有 AT&T 的用户正好收到这样一封邮件，那么他会怎么想。像不像特意发给他的？
- 正确的拼写和不错的语法。这里可能很难找出拼写错误和语法问题。
- 复杂的信息，会引起恐惧或好奇的心理。这里没有恐惧，只是利用了好奇。
- 文本中出现恶意链接。邮件里的链接看上去指向了合法的 AT&T 地址，除了最主要的一个，它指向了一个窃取身份信息的页面。
- 有时候会出现奇怪的邮件地址，但是发件人看起来是合法的。注意到发件人的邮件地址了吗？显然不是 AT&T 的地址。
- 很多时候出现商标。这封邮件显然出现了商标，以显得更可信。

这就是真实世界中的三级钓鱼攻击。很少有公司或者渗透测试者会进行这一级别的培训或者渗透测试。这封邮件里的商标是真的，很多链接也指向合法站点，因此把它用作钓鱼攻击肯定会让很多人惊讶。

我必须把这个例子分享给你，因为新闻中出现的这类攻击越来越多，当我写这篇文章时，它们还源源不断地进入我的收件箱中。

下面还有一个三级钓鱼攻击的例子，它被用于合法的公司钓鱼攻击培训中。

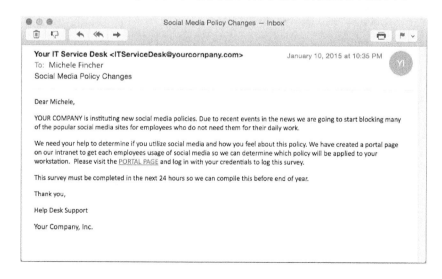

注意到邮件中指向性的问候，没有糟糕的拼写错误和语法，甚至没有你们公司的商标。这种钓鱼邮件很难被员工识别出来。那么这封邮件的指标是什么？

邮件地址。并不是 yourcompany.com 而是 yourcoRNpany.com。这个细微的差别很难发现，但是如果你对员工进行培训，告诉他们要仔细注意这些细节，那么他们会注意到这一点而不会落入陷阱中。

在钓鱼攻击培训项目中，这一级别的钓鱼攻击通常不会在初始阶段给没有培训经验的公司使用。它是留给对此更为熟悉的群体的。

四级钓鱼攻击，或鱼叉式钓鱼攻击

这一级别的钓鱼攻击非常高级、非常个人化，而且很多时候非常成功。这一级别的钓鱼攻击的有趣之处在于，它可能具备个人化信息、商标、无拼写错误等特征，但它也有可能是地球上最简单的邮件。

下面是一个鱼叉式钓鱼攻击邮件的例子（如图 5-3 所示）。

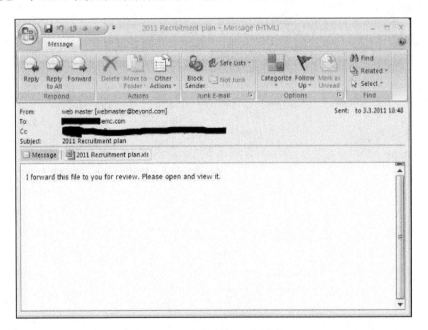

图 5-3　行动中的懒人原则

我知道，任何人似乎都能识别出这一钓鱼攻击，但事实是它奏效了。此类钓鱼邮件层出不穷，但是都有一个共性，那就是它们都很简单，但直击要点。它们是如何做到的呢？

这些攻击之所以有效，是因为收件人正期望着收到这类邮件。他们已经做好准备接收、认可、打开并阅读这类"主题"的邮件。他们认为收到这类邮件是理所当然的，因此就照着邮件里的要求去做了。

很多例子中，鱼叉式钓鱼攻击中更重要的是 OSINT（open-source intelligence，获取开放性情报，或者信息收集）的部分，而不是发送邮件的部分。这一部分可以为攻击者清理出一条通向受害者的途径，以及了解如何对目标进行渗透。

在公司环境下，我们的鱼叉式钓鱼攻击通常在 OSINT 环节之后展开。我们会给客户提供报告，其中包括所发现的情报、如何利用这些情报，以及发送鱼叉式钓鱼攻击邮件后的结果。

展示真实的鱼叉式钓鱼攻击的例子会泄露客户的信息，因此我只能在这里列出一些主题，但你可以看到它们是如何生效的。

❑ 我们发现了客户的家庭住址，以及他们附近的房子正在出售。在发现他们也打算出售房子时，我们发邮件声称为他们提供免费的房产评估。
❑ 发现一位主管喜欢带他的家人度假，而他们最喜欢的地方是巴黎后，我们发送了一封鱼叉式钓鱼邮件，里面是迷人的巴黎春季之旅的打折广告。
❑ 发现一位主管 24 年零 10 个月前毕业于一所军事院校后，我们发送了一封钓鱼邮件，邀请他担任 25 周年重聚大会时的重要发言人。
❑ 发现一位主管的女儿"讨厌她父亲"后，我们以学校辅导员的名义发送了一封邮件，邮件里包含了一些细节和一份 PDF 格式的报告。

这些内容可怕吗？的确很可怕。这些主题的恶意毋庸置疑。但是如果你的主管拥有你王国的钥匙（我们还曾和持有核设备钥匙的人一起共事过），那么此类测试是非常必要的，开展这方面的教育可以让人们和他们的公司意识到钓鱼攻击是一种多么可怕的威胁，并帮助他们抵御所面临的潜在危险。

在继续之前，我得花上几分钟谈谈另一种四级钓鱼攻击，否则我可能会遗漏它。它是一种多重攻击，大体示例如下。

早上 11：00，约翰收到一封邮件。

早上 11：30，约翰接了一通"IT 部门的拉里"打来的电话，拉里说："约翰，我是楼下 IT 部门的拉里。我刚给你发了一封邮件，里面有一个 PDF 文档是关于你的工作站升级路径的。我需要你打开它，然后告诉我你的机器是否符合这些条件。"

约翰说："拉里？啊，好的。"约翰点开附件，然后说："拉里，文件崩溃了，我打不开。"

拉里回答道："约翰，你是不是还在使用 Acrobat 6.0？我们应该在两个月前为你进行了升级。好的，让我把它另存为成一个你可以打开的格式。我会在午饭之后打电话给你，然后把新文件发给你，好吗？"

约翰说："好的，谢谢，拉里。"然后挂了电话。

与此同时，"拉里"正利用他刚刚给约翰的电脑植入的恶意软件向网络发起攻击。

还有一种我见过的常见并有效的办法：攻击者给主管寄来一个全新的硬件，里面嵌入了恶意设备。例如，我的好朋友大卫·肯尼迪制作了一块有内嵌设备的键盘，攻击者可以在这块键盘被安装后访问公司网络。

你认为有多少主管会在收到一个全新的价值两百美元的微软键盘后把它安装到电脑上？100%。

这类攻击者目标非常明确，也非常有针对性，他们不会广撒网，而是只用一根鱼叉捕鱼。很多时候这类鱼叉式钓鱼攻击都能捕到"鲸鱼"或者公司里的"大鱼"。

我们已经定义了钓鱼攻击培训项目的等级，那么下一个问题是，你该从何处开始？

小心选择你的级别

你应该选择哪一级别开始钓鱼攻击培训？这一问题实际上比你想象中容易回答一些，大体可分为两种不同阵营。

❑ **阵营一**　在你能钓到马林鱼前，你该从鲈鱼开始。这意味着你应该从简单一点的钓鱼攻击即一级钓鱼攻击开始，先来看看员工做得怎么样，在这一级中查漏补缺，然后再提升到二级难度。尽可能从简单的开始，然后提升难度。

❏ **阵营二** 深海捕鱼是为了捕到更大的鱼。这意味着从等级三开始逐渐降低难度，直到你找到一个合适的等级，然后从那里开始。

你该如何选择？我通常喜欢阵营一。我认为这可以让员工保持良好的感觉。他们会觉得自己在取得胜利，而这可以帮助他们更容易适应培训。这是最好的方法吗？我不能断言这是对于安全工作而言最好的方法，但我可以说这是最好的让人开心和投入安全项目的方法。

我也把经验和项目时间纳入了考虑范围。下面是一些我经历过的情况，以及我决定处理的方式。

❏ **公司一** 有一家公司要求我进行钓鱼攻击培训。这家公司此前从来没有把钓鱼攻击纳入其安全意识训练中，但是他们的领导知道这是个问题。他们想要每个季度只开展一次钓鱼攻击训练。

我决定从二级攻击的最简易程度开始，在第一季度对所有员工进行钓鱼攻击，然后开展培训。第二季度时，难度提升到二级攻击的较难程度，然后继续开展培训。第三季度开始三级攻击最简易程度的钓鱼攻击。我们看到了点击率的显著增加，同时报告率也有了一点增长。于是第四季度我们停留在三级攻击的最简易程度。点击率下降了。针对这家公司的持续培训和测试看起来还是奏效的。

❏ **公司二** 我们被要求再次开展这一培训。这家公司已经自己组织了一年的钓鱼攻击训练，他们的点击率很低，上级对此也很支持。

我们每个月都对所有员工进行钓鱼攻击。我们以二级攻击的一般程度开始，然后每月提升难度。第四个月时我们已经处于三级攻击的一般程度了。我们发现虽然点击率增加了，但是接下来的几个月里，有更多的人识别出了钓鱼攻击。

正如你所看到的，你从哪种难度开始取决于很多因素。请记住下面这个简短的问题清单。

❏ 你曾经进行过钓鱼攻击吗？
❏ 你的上级（即可能阻止培训进行的人）坚定支持你的计划吗？
❏ 你想多久进行一次钓鱼攻击？
❏ 是否要对所有员工进行钓鱼攻击？

5.2.3 编写钓鱼攻击邮件

你已经划定了基线；选择了难度；每个人都同意参与；准备好开始钓鱼攻击了。如果你独自开展这个项目，并且使用钓鱼攻击工具协助你，那么你可能会跃跃欲试，想要从软件中选一个模板，然后点击"发送"。

先别急着点击。在你着手进行钓鱼攻击前，让我们谈谈可以帮助你进行完美的钓鱼攻击的一些办法。

有些软件里的模板的确不错，但是它们会对你的公司起作用吗？通过对本章所提出的问题的回答，你应该对你想进行哪种钓鱼攻击有了清晰的答案（例如是否附上商标、是否使用指向性话语、是否与人合作）。

然后你要决定如何更好地帮助员工。让我来说明一下这一点。我通常都是很实际的。我喜欢从新闻里找一些例子，然后用它们说明坏人通常是怎么做的。

还有一个反面的例子。我曾经发送过一个二级攻击的最简易程度的钓鱼邮件。邮件大意如下："感谢您将信用卡邮件地址更改为 attacker@hack.com。"当然原话比这更动人一些，不过这是主要前提。

我们把这封邮件发给了上万人。很多人感到不安，但更多人克服了这种情绪。然而有一位女士极其不安，以至于取消了所有的信用卡，转移了银行账户，并回复邮件称将以死相威胁。

这位女士点击了链接，链接将她引向一个教育页面，但即使看到这个教育页面，她也依然决定取消所有的信用卡和银行账户，而不是采取她之前被教导过的方法（例如给 IT 部门打电话）。如果她按照之前学到的去做，那么她也许就不会这么心疼了。

针对你的培训，选择适合你难度级别，然后编写一些符合前文提及的原则的邮件，要让它看起来可信，然后开始钓鱼攻击。

警告 记住，你知道这是钓鱼攻击，因为是你发起的，所以其中的信息在你看来一目了然。但是不要认为你看得很清楚就意味着别人也能看得很清楚。开始时尽量简单一点吧。

5.2.4　追踪和统计

第 7 章会介绍很多用于钓鱼攻击数据追踪的软件。牢记你想要什么软件和什么功能，因为你的选择会影响你收集到什么样的数据。电子邮件营销软件只能大概了解谁点击了邮件，而使用强大的 SaaS（Software as a Service，软件即服务）解决方案可以追踪每一个你想要知道的细节，因此二者的区别很大。

我不会在这里花时间谈如何选择软件，但我要说一点：项目中所需的统计方式和数据可以帮助你作出决定。

目前为止，你可能已经有了一个完美无缺的培训计划，但是没有最好的数据，这一切都是无用的，不是吗？这也是我们发现的平庸和专业的钓鱼攻击者（我说的是以此作为一种公司服务的人员）之间最大的差别。

简单的区别体现在他们收集到的数据和他们呈现给公司的数据的差别上。我听过有人说："我们只需要点击率，对吧？"不！

点击率确实重要。但是如果我给你发送一些一级钓鱼攻击邮件，然后你的点击率是，例如 10%，而第三个月时我给你发送一些三级钓鱼攻击邮件，然后点击率到了 90%……点击率只会让员工看起来像是突然都对钓鱼攻击无计可施，尽管事实并非如此。

回想一下开展培训的原因：教导员工识别、报告和抵御钓鱼邮件攻击。什么样的统计数据会让领导觉得自己把钱花在了对的地方？你该如何设置项目以最大化收益？统计数据可以告诉你什么来帮助你改善项目？我将会回答这些问题。

只是统计数据而已，女士

正如之前所提到的，你得首先决定什么数据对你而言是重要的，然后才是下一步。很多次我被问及哪些数据是重要的。在我逐项告诉你它们为什么重要前，想想谈到钓鱼攻击时，什么样的员工才是好员工。你知道点击钓鱼邮件不好，不点击钓鱼邮件好。这很简单——那么其他好或者坏的行为呢？

希望你已经给员工设置了一个可以报告钓鱼邮件的机构。如果员工可以把他们发现的任何疑似钓鱼攻击的邮件都发送到合适的"权威机构"那里，那么你们公司就能省很多心了，甚至还能发现几个漏洞。因此，报告钓鱼攻击邮件的员工是很棒的。

我也常常被问及员工该如何报告。最好的建议是让他们转发邮件给部门中的指定邮箱。转发的邮件可以用于分析，员工也可以得到接下来该怎么做的建议。有些公司提出指定一个电话号码用来接收报告，但是可以想象，如果公司里有 5000 个员工，50% 的员工都打电话来报告钓鱼邮件，并且他们每天都会收到一封邮件，那么工作压力就太大了，也不会有什么效果。

下面是一些我认为重要的统计数据。

- ❑ **点击人数**。这是最明显的数据，但也是最必要的。这是你的基线。这些数字告诉你有多少人将公司置于危险之中，以及多少人需要进一步培训。然而单独这一数据并不能告诉你很多信息。你需要以此为基础来获得更多数据。
- ❑ **报告钓鱼攻击的人数**。假设你们公司有供员工报告钓鱼邮件的机构。这是"解决"钓鱼邮件问题的过程中非常重要的一部分。我们的目标是创建一个环境，让所有的员工在看到钓鱼邮件后——并在他们点击前——进行报告。事实上你也需要让你的员工知道点击后该怎么办。删除邮件不是一个好办法，他们需要一个机构来报告情况。有很多次我开始和公司工作时，第一件事就是帮助这家公司设立这样一个机构，这是很重要的一步。

  让我们回到假设上来。如果你们公司有报告机构，那么你需要知道每次钓鱼攻击中有多少人发现了钓鱼攻击并且报告给了机构。我会告诉你一些追踪这一数据的方法。
- ❑ **点击却未报告的人数**。你知道点击钓鱼邮件是不好的，而报告钓鱼邮件是好的，所以那些点击而不报告的员工占全了你不希望他们做的事。这些员工需要更多的训练和帮助。
- ❑ **点击并报告的员工人数**。员工点击了邮件但仍然报告了这一情况是件好事。为什么？这意味着尽管这些人采取了一些你不希望他们采取的行动，但是通过培训，他们意识到了风险依然存在，并采取了积极的措施。
- ❑ **未点击也未报告的人数**。因为这一类员工没有点击，所以并没有漏洞上的风险。然而你仍然想要让这些员工对他们收到的可疑信息进行报告。报告是每个员工都要了解的重要的一步。
- ❑ **未点击却报告的人数**。这一类员工属于最佳员工。他们采取了如你所期望的行动，不仅识别出了钓鱼攻击邮件，还报告给机构，帮助了其他人。

因为你知道最需要帮助的员工是那些点击了钓鱼邮件但是没有报告的，而最佳员工是那些没有点击还进行了报告的，所以你会想要了解每类员工的人数，并且希望后者在每次攻击中都有所增加，因为这说明你的辛勤工作有了回报。

有很多方法追踪这些数据，但是我发现帮助 IT/技术支持中心（或者其他管理钓鱼攻击的部门）设立一些规则可以使得这一任务更加轻松。

举个例子，我们有时候会在邮件中嵌入一段与背景色（白色）相同的文字。我们称其为"白色文字"。（我是从哪儿学到这么棒的点子的？）这段文字需要包含一些在常规句子中肯定不会用到的字符，例如 Th1$i$aphi$hingemail0rz-DATEHERE。

然后我们设定一条规则，让用来收集报告信息的邮箱中的某个指定文件夹——如 Oct201X Phishing Reporters——按条件过滤。除非你的 SaaS 解决方案有办法让你追踪（详见第 7 章），如此操作后，你会在月底得到一个清单。通过简单的 Excel 技巧，你可以将此清单与另一份列出了谁点击了邮件、谁没有点击等信息的列表进行对照，这样你就得到了想要的数据。

我们甚至为那个特殊的邮箱植入了一些强大的功能，例如在设定规则后，如果有人转发了邮件到此邮箱，那么发件人会收到一封感谢邮件，告诉他们邮件中发现了钓鱼攻击，并且他们在报告这一点上做得很好。

如果你决定这么做，那么早期的名单会清晰地告诉你目前情况如何、你该如何提升，以及你需要在哪方面努力。

5.2.5 报告

开展项目所做的种种努力都是为了这一刻：报告。这份文档的背后是你的努力、汗水、泪水、心血、决策和痛苦艰辛的时刻，最后汇集在一起，才成就了这一份无比珍贵的报告。

本节并不是要指导你如何写报告。我只想简单地描述一下我们该如何报告数据，因为这可能会帮你想到几个点子。

让我们以 X 公司为例。X 公司有 1000 名员工，该公司希望我们每个月进行一次钓鱼攻击。公司之前从来没有进行过钓鱼攻击训练，他们不想在邮件中使用其他公司的商标，只想使用公司内部的商标，不过要先从一级钓鱼攻击开始，然后再看看该如何进行。

报告中包含下面这样的表格。

第一个月：一级钓鱼攻击	数　目	统计数据
发送邮件数	1000	100%
点击数	750	75%
报告数	50	5%
点击/未报告	705	70.5%
点击/报告	45	4.5%
未点击/未报告	15	1.5%
未点击/报告	5	0.5%

当然这里还会有一些图表和支持性的文字。在第二个月，我们再次进行了钓鱼攻击。我们报告了与上个月相同的统计数据，但是也注意到了第一个月和第二个月之间的区别。

第二个月：一级钓鱼攻击	数　目	统计数据	变　化
发送邮件数	1000	—	—
点击数	600	60%	−15%
报告数	350	35%	30%
点击/未报告	350	35%	−35.5%
点击/报告	250	25%	20.5%
未点击/未报告	13	1.3%	−0.2%
未点击/报告	100	10%	9.5%

当然我可以继续给出其他月份的数据，不过至此你应该已经明白了。你可以展示在一个月的时间里，你的培训不仅帮助减少了 15% 的点击数，也增加了 30% 的报告数。你还可以展示更深层的信息，那就是你的培训很奏效，因为最需要培训的群体的数目减少了 35.5%，而"未点击/报告"的员工数目增加了 9.5%。

这一类报告可以帮助主管了解你做出的成绩，而且培训项目的确值得时间和金钱上的投资。

那么，假如你的数据并不是这样的呢？如果你发现优秀员工（"未点击/报告"）的数目下降，那该怎么办呢？问问自己以下问题。

❑ 我越级进行钓鱼攻击了吗？从一级跳到了二级——或者从二级跳到了三级——有可能会导致短期的数目减少，直到你对员工进行这一级别的训练。目前还不用绝望。
❑ 发起攻击期间，员工正在休假吗？有时候我们看到数据波动，仅仅是因为人们不在那儿或者并不专注。
❑ 我的培训生效了吗？认真分析其中的教学环节，它是否太长、太啰嗦，或者太苛刻？教学环节必须在快捷、简单和有效之间找到平衡点。

不管原因是什么，除非你看到这些数据每个月都在朝错误的方向增长，否则不用太过在意。

现在来谈谈最后一点：教学环节。

5.2.6 钓鱼攻击、教育、重复

教学环节是整个培训项目中最重要的部分。让我们回到做菜的类比上。你买了最好的原料。你的菜做得很完美。你让客人入座。你的摆盘很漂亮。你将菜肴摆上餐桌……但是没有餐具。

餐具可以帮助你的客人享受你美味的菜肴。餐具让用餐更加容易，也方便人们咀嚼和吸收食物的营养。在钓鱼攻击培训中，教学环节就是你的餐具。你必须为你的工作找到好用并且合适的餐具。

想象一下你在多位客人面前放了一碗美味可口的鱼片汤，然后却只给了他们一把黄油刀。因此，你的教学（餐具）应该与菜肴和顾客相匹配。

我们使用称为 BEST 的方法来开展教学。

❑ 简洁（Brief）　长时间的电脑培训会让员工厌烦，也无法提高教学效率。只用1分钟到4分钟的时间来完成这一切才是最高效的。
❑ 有效（Effective）　教会你的员工如何识别钓鱼攻击，发现钓鱼攻击后该做什么，以及到哪里去报告。

- ❑ **简单（Simple）**　如果训练中使用员工不熟悉的术语，或者发出的指令过于复杂，那么员工就会感到沮丧。这种沮丧情绪会对训练产生负面影响。
- ❑ **体贴（Thoughtful）**　你知道员工每天有多少事要做吗？每天要承受多少压力吗？如果你知道，那么你就会在准备培训课程时深思熟虑，这样才不会给他们繁忙的生活增添额外的压力。与此同时，你还让他们做好保护自己、家人和公司免受钓鱼攻击侵害的准备。你是多么体贴啊！

我见过很多人出于好意，将 BEST 方法改造得过于复杂，但实际上造成了反效果——这会让员工感到受挫或者迷茫，而不是学到知识并受到鼓舞。如果你忠实地按照 BEST 方法来操作，那么通常会有好的结果。例如，有一家我们合作过的公司通过使用本章提到的方法，从一开始 89% 的点击率和不到 10% 的报告率，改善为 7% 的点击率和 75% 的报告率。

当然，培训项目的最后一步是重复。不要认为一年一度的钓鱼攻击培训就足以保护你的员工。

我来问你一个问题，你需要如实回答。读完下面这个问题后，你有五秒钟的时间作答。

　　请说出过去一年的安全意识培训课程中最高的三个分数……开始计时。

如果你如实回答，那么你可能会盯着这个问题想一会儿，然后说出一个分数，但是很可能说不齐三个。对于员工收到钓鱼攻击邮件后的反应时间来说，五秒钟已经很长了。不要指望他们能够回忆起去年你给他们开展的训练内容。假如我是你的员工，那么超过 45 天你就不用指望我还记得了。

5.3　总结

读完这一章后，你可能会想："哇，有好多工作要做。我得碰碰运气。"实话实说，开始时确实需要做一些工作。有时候从上级部门、人事部门、法律部门和其他部门那里获取授权就需要不少努力。开展项目的同时还不引起所有人的反感也不容易。但是一次又一次地，我们在帮助公司推进项目的过程中就已经看到了回报。

有一家公司报告称与邮件有关的恶意事件减少了 70%。70%！仅这一点就会让人觉得前面所做的一切都是值得的。这家公司可以讨厌我，但有 70%的员工都不会像去年一样遭受恶意软件的威胁，这就足够了。

钓鱼攻击之所以存在，是因为对恶意攻击者来说，这一手段简单、有效、有利可图。你需要保持警惕与顽强的精神，坚持推动培训继续下去，并努力让它实现效果最大化。

在帮助你选择软件前，还有一个话题需要讨论，那就是公司政策问题。在你翻阅下一章前，请停下来想想，你觉得你可以从积极的、消极的或丑陋的公司政策里学到什么。下章见。

第6章
积极的、消极的和丑陋的：公司政策及其他

"受过教育的人并不记忆事实，而是尊重事实。"

——汤姆·希勒（Tom Heehler）

政策似乎在有些人眼中根本没有讨论的必要。我几乎想要把这一话题从这本书里去掉，但是我和米歇尔很快意识到：如果我们不讨论手头这些例子、不讨论那些应用过的方法以及曾被我们支持或质疑的决策，那么这本书就会存在缺憾。

为什么理解安全政策的实施是如此重要？本章中的很多内容看上去都还不错，我们也明白为什么公司会认为它们有效。我们也从客户那里学到了一些东西，并想要分享给你。

在考虑本章的最佳组织方式时，我们起初打算把每一节分成积极的、消极的和丑陋的这几个方面……然而很快我的清单被消极的和丑陋的部分占满了，于是我们决定改变这一组织方式。

我会在本章中把每个想法或者政策摆出来，然后从以下三个角度来讨论。

❏ 这一政策、主意或者想法的定义是什么？

❏ 为什么它是消极的或者丑陋的？

❏ 如何改进这一政策？

我不希望让任何人感觉糟糕；我希望本章能够帮助你思考这些政策为什么无效，以及它们应如何改进才能在你的钓鱼攻击培训中起到积极作用。

让我们开始吧。

6.1　跟着感觉走：情绪和政策

我大概 17 岁时开始定期健身。（我知道……发生了什么？）因为那时我年轻、活跃并且意志坚定，所以很快就浑身都练出了肌肉。

时间一天天过去，我还在继续健身。当我年纪大一些时，有一天我发现在健身房里有一群狂热的举重爱好者。他们不停地往杠铃上加砝码，而我有些不甘示弱——我宣称自己"当然"也可以举起同样的重量。

我躺在举重床上，随着杠铃的下沉，我意识到犯了一个错误，但是我扭动着哼了一声，推了一把，又重新举起了它。接着我重复了一次这个动作，感觉自己像是校园里最强壮的小伙子。体育馆的另一头有一位教练看见了我白痴般的行为。过了一会儿，他来邀请我去他那边。接下来他要我和他一起练举重，而他的杠铃两头只有两个很小的砝码。我傲慢地表示：这对于我之前的胜利来说只算热身而已。然而他躺在举重床上，在我面前连续做了 10 次机器般标准、舒缓、清晰的推举动作，然后问："能让我教你正确的举重方法吗？"

他和我谈论了身形、手臂位置、背部拱起，并指出了我所有做错的地方。我躺在那里，用正确的姿势做了 5 次推举，然后就又回到了以前的状态。他纠正了我，然后我又试了一次。几周的练习之后，我的表现突飞猛进。当然我用的是比之前更小的砝码，但是我也能做出一连串机器般标准的动作了。

几个学期后，我又遇到了之前在健身房里的伙伴，发现他们的动作都能做得非常到位。我问他们当时为什么不告诉我做得很糟糕，他们轻描淡写地说："哦，你当时正在练习，我们可不想让你泄气。"感谢那位教练教给了我正确的方式，并且改变了我的一生（我是说健身生涯）。

6.1.1 定义

让我直接摆出事实：你需要关注你的员工，考虑他们的感受，以及他们会对你的钓鱼攻击有何反应。

这么说来，这一政策主要出现在过分注重以上事实的公司里。没错，你必须关心你的员工，但是这会阻碍你进行真实的钓鱼攻击，因为你不想要任何人失望。因为想要避免人们感觉受挫，所以你不愿意指出他们的"错误姿势"吗？

因为担心你的员工无法应付复杂的钓鱼攻击邮件，所以你会限制钓鱼攻击尝试的范围和深度吗？我们见过有公司一直把钓鱼攻击的难度保持在一级（甚至更简单），这样他们就可以对外说他们进行了钓鱼攻击培训，但事实上他们的员工从未学过如何辨别真实的钓鱼攻击。

6.1.2 消极之处

认为体谅每个人的感受优先于教学需要是很糟糕的，因为它会限制你开展教学环节。让我用举重的例子来说明这一问题。锻炼肌肉首先需要用正确的姿势和合适的重量破坏原有的肌纤维，再让它恢复和增长，然后重复这一过程。过于轻松的训练无法破坏你的肌纤维。同理，你不能在没有任何突破的情况下练出钓鱼攻击肌肉。

6.1.3 如何改进

为了正确地训练你的钓鱼攻击肌肉，你需要随着时间推移来增加钓鱼攻击的"举重砝码"。话虽如此，你不必一味增加难度而全然不顾人们的感受，但钓鱼攻击需要回归现实。

我同意避免使用可能过于个人化的主题，因为这会导致人们感觉受到伤害或者被冒犯。但是你该如何把握不越过那条线呢？在此我无法为你回答这一问题——这是需要你自己分析和决定的。

6.2　老板是例外

"我是看着你学的！"我和朋友用这句话开玩笑可能超过 10 万次了。这句话源于美国无毒品合作组织（Partnership for a Drug-Free America）在 1987 年的一则非常严肃的公益广告。这则公益广告中，一位年轻人遭到他的父亲质问，因为年轻人的母亲在壁橱里发现了一盒毒品。

这位父亲责骂他的儿子并问："是谁教你吸毒的？"儿子最终停止了抵抗，喊出了那句令人心寒的话："是你！我是看着你学的。"

这则公益广告强调了与每个人都相关的重要的一点：不要认为自己地位高就可以从规则中豁免。

6.2.1　定义

当我们帮助一家公司开展钓鱼攻击培训时，我们会努力工作来赢得老板的认可。我们一般会在提交 10 次建议、参加 50 次会议、发送几百封邮件后获得许可。在我们花费了如此多精力让一切开始运转后，我们知道整个培训项目是否被接受就处于一线之间了。

由于公司联络人不想有任何事情阻碍我们开展培训，他们有时候会说："我们将会把 C 级领导人排除在测试之外。"我们对此感到迷茫，不知如何是好，他们可能会补充说："他们不太需要这个。"

唉。

6.2.2　消极之处

也许你很清楚为什么不把 C 级领导人纳入培训是很糟糕的，但还是让我来解释一下吧。想想 1987 年的那则公益广告："我是看着你学的！"

那则公益广告给我们上了重要的一课：正确的行为和态度是自上而下传播的。如果 C 级领导人不愿意像其他人一样接受测试，那么这会向员工传达什么样的信息？

6.2.3　如何改进

另一方面，当老板 100% 投入到培训中时，员工的态度也会显著改变，变得积极和顺从。当员工看见高层愿意接受培训并且接受测试时，他们就不会感觉自己是被单独挑出来的。

有一家公司是这样处理这一问题的。该公司的总裁写了一封邮件发给全公司以表明他对培训的支持。他甚至分享了他第一个月的钓鱼邮件点击率。当员工们看到总裁不仅参与了培训，还在第一封钓鱼邮件上中招时，他们对培训的好感增加，也看到了公司对培训的支持。在此如果有员工说"我是看着你学的"，那就真是件好事了。

6.3　我只会修补其中一个漏洞

当我年轻时，我曾是一名狂热的冲浪爱好者。我有一块只能在小浪花上冲浪的老冲浪板，它又大又厚。像很多年轻人一样，我不懂得爱惜自己的东西，因此我经常随意地在海浪上横冲直撞。

就这样用了几个月后，冲浪板上开始出现损伤——一个在底部，一个在侧边上。明天风浪会变大，因此我不想花太多时间修理它。我随便抹了些树脂，加上玻璃纤维，修补了一下底部。

接着我看了一眼侧边，心想："这需要很多砂纸来打磨。如果明天来不及怎么办？我该没办法冲浪了。"于是我找了一些蜡和宽胶带，快速修补了一下。

我对自己的修补很满意，并且觉得已经没问题了，于是第二天就出去冲浪了。然而几个小时后，我注意到冲浪板的底部凸了出来，变得软乎乎的。

可以确定，快速修补工作没能经受住考验。烈日当头，冲浪板的蜡融化并脱离原处，于是水渗了进来，冲浪板变得沉重、充满积水，最后坏了。那天我也没能好好冲浪。

6.3.1　定义

也许因为预算，也许因为错误推理，也许因为糟糕的顾问。无论原因是什么，选择只测试一部分人就好像只修补两个漏洞的其中一个一样。

钓鱼攻击的结果是如此主观和因人而异，你不能只测试一部分人就说"好了，我们测试的30%的人中有10%的点击率，我们干得不错"，或者"他们有90%的点击率，每个人都要中招了……"

记住，只要有一次点击就会毁了你的网络。你真的确定攻击者只会攻击受测试的员工吗？

6.3.2 消极之处

每个人受钓鱼攻击和培训的影响的程度都是不一样的。选择随机数目的员工或者一小部分员工接受测试，并不能告诉你公司在钓鱼攻击中整体表现如何。

同样，如果接受测试的人群已经对这个测试或者对钓鱼攻击有所了解，那么这可能导致你产生一种你们公司已经准备好应对钓鱼攻击的错觉。

6.3.3 如何改进

我不能解决预算问题，并且话说回来，有总比没有好。我通常认为相比于全员投入而言，小样本测试效果并不好，虽然有些情况下这可能是必要的。然而如果这种小样本测试并非必要，那我建议还是别做了。测试一个小样本对你们公司而言并没有什么用，而且你最不想看到的就是培训以失败告终。

假设你只被准许进行一次钓鱼攻击测试。我理解你会做你该做的事，但是从这一次测试中得来的数据并不能得出你有多安全的结论。相反，你可以用它来说明下一季度或下一年里需要做什么。这种情况下，我认为它是一个很有力的用来划定基线的工具。但是像这样的单一测试，如果必须要做，那么其结果应严格视为基线参考。

6.4 太多训练使人厌倦

你曾经受够了某些事的折磨吗？我记得当我第一次开始学习另一门语言时，我只愿意达到最低要求，还逃避作业，仿佛它是某种坏东西。因此，我并没有进步得像我想象中那样快。当面临考试或者提问时，我感到很沮丧和失落，我一直想放弃。

问题出在哪里？我只是做到能够说"我在学习这门语言"的程度，但是对于真正的学习来说，我所做的还远远不够。因此我在相当长的一段时间内忍受着初学者注定会经历的紧张和挫败感。

6.4.1 定义

一开始你们公司可能会把钓鱼攻击培训看作反欺诈训练，或者提醒你在星巴克时记得锁上你的电脑。如果你经历过这种训练，那么你就会明白我的意思。教练会告诉你为什么有些东西不好，给你展示一些短片来告诉你怎么做才是正确的，并希望你能从中学到一些东西。如果从这个角度来看，那么这一培训可能会被看成某种"一劳永逸"的训练。

悲伤的事实是，正如之前所提到的，每个人每一天都会收到很多钓鱼邮件。只测试员工一次，并只给他们一次培训来告诉他们如何识别钓鱼邮件，这和把他们派往法国的一个月前只给他们上一堂法语课没什么两样——都没有什么效率。

6.4.2 消极之处

"一劳永逸"式的思维会导致下列结果。

❑ 极其受挫的情绪。对于感觉自己一直以来都没有进步的员工，以及因为没有员工在学习所以感觉培训浪费金钱的公司来说，当用这种方式思考时，失望是常态（看见我之前所做的了吗？）。

❑ 缺乏安全意识。不仅训练是低效的，而且由于上述的受挫情绪，很多员工会在识别钓鱼邮件方面做得不如那些持续接受测试和培训的员工。

❑ IT 部门和其他部门之间缺乏联系。IT 部门和其他部门之间的关系会变得更对立，而非成为一个团结一致并服务于你的"团队"。

❑ 缺乏标准。这看起来似乎显而易见，但事实是，当一次性的培训项目开展时，公司缺乏合适的标准来判断这笔钱是否用对了地方，或者培训是否有效。

一次性的简单测试不仅不能起到帮助作用，似乎还会带来相反的效果——它实际上阻碍了公司训练员工防御钓鱼攻击的能力。

6.4.3　如何改进

好了，我明白了……并非每家公司都想要每个月向全体员工发送一次钓鱼邮件。是的，我可以一直争论到脸色发紫说这是最好的办法，并被证实有帮助，但是仍然有很多人想要慢一点开始。那么，什么才是重要的呢？

重要的是一致性和承诺。培训必须持之以恒——至少每个季度或者每隔一个月进行一次，而且你必须严格执行。不要假定某个部门很忙、很重要或者对钓鱼邮件很熟悉，从而把一些员工排除在外。把所有员工都纳入训练中，看看他们在每两个月或每季度进行一次的钓鱼攻击训练中表现如何。

由此你可以确定是否应该增加训练的频率，并想清楚如何与你的同事一起作为一个团队工作，而非处于对立的状态。

在此强调一下预算受限的问题。这一问题看上去是由于下面两种原因之一（或者两者都有）导致的：

❑ C级领导人不理解或者不支持这种培训；
❑ 没有办法提供能够证明投资有所回报的数据。

争取预算总是很艰难的，因为那就像购买保险：你购买它是为了避免不好的事情发生，而非享受好的东西。

6.5　如果发现钓鱼攻击，请打这个电话

我曾经自愿参加了一座大楼的拆除工作。为了重建这座大楼，它的内部结构需要拆除。问题是：大楼的墙壁都是用煤渣砖砌成的。

我对于拆除工作一无所知，但好在那时我年轻力壮。我拿起我能找到的最重的锤子，走进房间，开始砸墙。煤渣砖的碎片飞得到处都是，我一边挥舞着大锤，一边觉得自己是真男人。15分钟后，我在墙壁中间砸出了一个大洞，大得足够我的头钻过去。

我一直砸墙，直到累得我需要休息为止。我穿过大厅，看到另一个人快要拆完一整面墙了。他几乎和我同时开始工作的。为什么他比我快这么多？

"见鬼！"我边想边走回我的那堵墙壁前。短时间内我又砸了一个洞出来。我对此感到很满意，不过离推倒整面墙还差得远，而那个人已经开始砸另一面墙了。我有些羞愧地走过去，问他秘诀是什么。

他给我上了一节 5 分钟的课，给我讲了钢筋如何贯穿墙壁中最脆弱的部分。接着他告诉我应该敲打哪里，应该用哪种尺寸的锤子。他给了我一把钢筋剪，然后就打发我走了。

不到 10 分钟后，我就推倒了我的第一面墙——我很满意！那天我们两人比赛看谁拆墙更快。最后我们在 6 小时内拆完了一整层楼的所有的墙壁——而且是手动拆除！

6.5.1　定义

我从上面这个故事里学到的是：你应该选择最容易成功的那条路。当然我用的办法最终也能奏效，但那并不是最容易的办法。

有时候在公司里我们见过这样的人，他们试图让员工采取正确的行动，原本是出于好意，却做出了糟糕的决定。这一点在报告钓鱼邮件方面表现尤其突出。我们看见很多公司设置了内部电话中心，以便员工打电话报告钓鱼邮件。无论你如何抉择，让报告钓鱼邮件对你的员工来说容易一些，这样才能做到收益最大化。

6.5.2　消极之处

你想要员工报告他们"捕获"的所有钓鱼攻击。你想要员工在收到更多关于这些邮件的信息前不要轻举妄动。你也想要鼓励那些可以培养安全意识的值得提倡的行为。

然而，如果每次员工收到钓鱼攻击邮件时都得打电话报告所有的细节，然后在电话里被告知删除邮件、转发邮件、等待更多信息，或者无视邮件，那么员工最终会停止报告，因为这么做会消耗他很多工作时间，而这超出他的承受范围。

这就好像要求你的员工用最重的锤子去砸墙壁一样，因为这会让人"感觉"好像做了什么，但这其实只是在耗尽所有人的精力。

6.5.3　如何改进

无论何种情况下，我们看到的成功开展了钓鱼攻击培训的公司里，报告钓鱼邮件是通过邮件或者网页的形式来通知合适的团队进行处理的。有些情况下，钓鱼攻击的反馈是自动化的，我见过有的公司创建了钓鱼攻击数据库，为员工提供邮件对比来确认他们收到的是否为钓鱼攻击邮件。

无论采取哪种方法，如果对员工来说报告钓鱼邮件是容易的，那么他们就会更愿意报告，也更容易接受钓鱼攻击培训。我知道目标并非只是停留在让员工的生活变得更轻松这一点上。然而人们很忙碌，并且——尽管社会工程安全是我眼中头等重要的事情——我意识到并非每个人都和我想的一样。你需要和你的员工一起努力，让培训成为他们都想参加的一项活动。

6.6　坏人在周一休假

当我还是个孩子的时候，我哥哥和我同住一间房，我们有一个很酷的双层床。有一天哥哥告诉我，在满月的午夜，会有大老鼠会从墙壁里钻出来吃掉我。

于是我睡觉前进行了安全检查。今晚是满月吗？如果不是，那我就很安全，墙上的时钟显示的时间没什么关系。如果今晚是满月，那我就要担心了。几个夜晚过去了，我仍然很"安全"。

但是有一天晚上，当我们都钻进被子里准备睡觉时，我拉开窗帘往外瞧了一眼。"哦，不，"我心想，"今晚是满月！"

我看了看时钟，现在才晚上9点。"我要是睡着了怎么办？如果我半夜睡过去了，那么大老鼠会趁机吃了我吗？"

我一直醒着，盯着时钟看了几个小时。夜里 11：55 左右，哥哥在上铺开始挠墙。我吓得一动不动。午夜时分，一只手从上铺伸了下来，抓住了我的脖子。我发出了一声可能很远都能听得到的尖叫。

我确信我们在此之后没少挨打。不管怎么说，我花了一些时间才意识到：

❑ 没有大老鼠；
❑ 如果大老鼠存在，那么它们不会等到满月的午夜才出来吃掉我。

在我五六岁时，这些教训并没有什么意义，而现在它们在很多地方都能派上用场。

6.6.1 定义

我听说有些公司表现出和我童年时一样的恐惧。不是对大老鼠，而是对恶意的钓鱼攻击。怎么会这样呢？

我曾被告知："我们想要开展钓鱼攻击培训，但是周一不合适，因此我们不会在周一进行。"或者："周四是员工会议，因此你可以在任何时间进行钓鱼攻击，但请避开周四。"这本质上和"钓鱼攻击没问题，但请不要在满月之夜进行"一样。

限制钓鱼攻击培训的日期或时间，就好比确信大老鼠只会在满月之夜出来吃了你。我们都知道大老鼠只要饿了就会出来吃了你，无论何时——并非只在午夜。真的。

与之相似，坏人不会只在你不开员工大会的时候攻击你。

6.6.2 消极之处

在一些公司里，我们会避开特定的日子进行测试。我见过有员工对我们的调查给出了这样的回应："呃，我知道这不是我们公司的钓鱼攻击测试，因为我是在周一收到这封邮件的。我们不会在周一进行测试。"

你的训练目标，记住，是教会你的员工在任何时间都能发现所有的钓鱼攻击邮件，而不是教他们弄清楚钓鱼攻击邮件是来自公司还是来自坏人。你想让他们无论何时何地都能保证安全并免受钓鱼攻击威胁，而不是让他们知道周一和周四不会收到来自公司的钓鱼邮件。

6.6.3 如何改进

解决办法很明显：不要根据对公司来说"方便"的时间来安排钓鱼攻击训练；相反，要根据钓鱼攻击者眼中现实的情况来安排。我同意有些时候发动钓鱼攻击是不合适的。例如，当每个人都在放假、过节，或者其他大部分人都不在的情况下。你想要数据和指标来协助你看清楚大体状况，这意味着你应该在人们都在时发动钓鱼攻击。

尽管如此，要意识到钓鱼攻击者并不会因为你休息或者心情不好就不给你发邮件。记住，一些最具恶意的并成功奏效的钓鱼邮件是在灾难发生后不久发送的。钓鱼攻击者不会关心你或者其他人遭遇了什么，他们只会为达目的不择手段。

我们并非坏人，所以我们会考虑你的员工的感受，但是由于会议而长期避开一周的某一天或两天，这对钓鱼攻击训练中的所有人没有任何帮助。

6.7 眼不见心不烦

又是一个尴尬的我童年时的故事，这与鬼怪有关。我们小时候都害怕某些东西——壁橱里的响声、床底的撞击声、树枝打在窗户上的声音，或者看起来像是鬼怪的影子。无论恐惧的是什么，都会导致不合理的想法和行为。（真实的故事：米歇尔曾经在走廊里背着枕头跑，她以为这样可以在黑暗中保护自己。）

看吧，当我听到奇怪的声音，或者我觉得看到有东西在壁橱里移动时，我就会害怕地钻进毯子里一动不动，并闭上眼睛。

为什么？好吧，这其实是很符合逻辑的，不是吗？如果我看不到怪兽/鬼怪/坏人，那么显然我就是安全的。我把安全与能否看到那些让我害怕的东西挂钩了。

既然现在我已经长大成人，并意识到大多数这类恐惧都是不合理的，我也意识到如果真的有怪兽追我，那么裹在毯子里闭上眼睛也只是看不见它而已，并不能让我脱险。

6.7.1 定义

如果恶意邮件发到你的员工的邮箱里，那么应该如何处理？现在你明白我为什么提倡设立一个报告系统了吧。但是在公司尚未设立报告系统的情况下，我见过有些公司建议他们的员工直接删除钓鱼攻击邮件。

如果你懂一些安全常识，那么你可能会惊讶于有人竟然把"删除邮件"作为安全建议，但确实有这种情况发生。

6.7.2　消极之处

如果员工点击了链接，然后系统出现了崩溃，他们现在很害怕，但是安全建议只是删除邮件，那会怎样呢？

如果情况更糟糕一些，员工点击了链接，输入了某种验证信息，但接下来什么也没发生，然后员工就删掉了邮件，那会怎样呢？几天后员工将这件事告诉其他人，然后安全团队介入调查，却发现那封邮件已经被删除了。

如果员工点击了附件中的 PDF 文档，打开它时却发生了阅读器崩溃，那会怎样呢？他可能会有些担心他点击的东西，于是他删掉了邮件，这导致他现在无法告诉你是哪个文件崩溃了，甚至它从何处而来也说不清。

上述情况都是我亲眼目睹过的真实事件，它们发生在那些建议"删除邮件"的公司里。

这些情况下删除邮件与把你的头埋在毯子里并无区别。你认为自己是安全的，只是因为你看不见那些危险罢了。

6.7.3　如何改进

不付出时间和精力是不会有所改进的。你需要为员工提供一个可以报告可疑邮件的地方。他们可以转发邮件到此处，并让邮件得到审阅。如果没有这一措施，那还有什么可做的呢？他们可能搁置、删除甚至点击可疑邮件。

唯一的改进办法是给员工创造一个可以报告的途径。在你清楚地给出那个途径后，确保它可以做到以下几点：

❑ 保证公司安全；
❑ 保证员工安全；
❑ 保护你辛苦建立的数据和资产。

如果你的报告系统可以做到这几点，那么相比于简单地删除邮件并盼望平安无事，就已经是一种改进了。

6.8　给所有人的经验

我可以向你保证，上述这些安全政策中的任意一个如果放在合适的情景中，那么看上去都会很不错。你曾经见过那种非常差的广告吗，就是你会说"真有人为这个花钱啊"的广告？你可以想象他们的市场人员坐在会议室的桌子前彼此击掌欢呼，认为这个绝妙的主意从此会颠覆市场，他们的产品会大卖。

我在写这一章时想象过类似的情景——当驱使人们采取行动的是压力、紧张和工作时间过长，而非一种颠覆世界的渴望时。此外，在处理钓鱼攻击邮件方面缺乏经验和正确的指导，也会让人感觉上述这些政策似乎是可行的。

再次问问自己下面这些问题，看看你想要使用的政策是积极的、消极的，还是丑陋的。

❏ 这一政策、主意或者想法的定义是什么？
❏ 为什么它是消极的或者丑陋的？
❏ 如何改进这一政策？

现在带着你对这些问题的回答，思考以下问题，看看能否带给你启示。

❏ 找出最佳途径。你想要员工做什么？不点击邮件并报告？保存邮件并报告？转发邮件？还是打电话报告？
❏ 如果员工点击或者打开附件，那么这些新政策真的能保证公司的安全吗？
❏ 如果员工点击或者打开附件，那么这些新政策真的能保证员工的安全吗？

根据本章中所描述的任一政策来回答上述问题，可以帮助你快速识别它们是否属于消极且丑陋的那一类政策。

6.9　总结

政策并非一个有趣的话题，没有人想要把时间花在制定一些所有人都要遵守的规则上。但是政策对于保证公司安全、保证员工安全以及制定清晰的行为守则来说，则非常必要。

让我重申一下：我知道实施我所提出的安全政策需要付出很多时间、精力和金钱，也需要做很多工作。我也知道这可能是一个漫长的过程，一路上会有一些障碍。但是不要因此放弃。一直坚持下去，你看到的结果会告诉你，你所付出的时间、精力和金钱是值得的。

有一家我曾经合作过的公司，他们的平均钓鱼邮件点击率从80%下降到了9%，而他们的平均报告率从不到10%上升到了64%。这家公司的恶意软件事件数量持续减少了70%。这都是由于新政策的实施。

这些转变是一夜之间发生的吗？不。这些结果是花了几年的时间才得到的，但这难道不值得吗？只有通过持续的钓鱼攻击测试、定期的培训和努力的工作，我们才能得到这些数字。

当培训项目开始时，我们看到很多公司太过在意这些数字。记住，培训的主要目的是对钓鱼攻击的威胁有所了解，以及展示培训对员工所起的作用。有时候统计数据会诱使你过于关注数字而不是人或者目标。

不幸的是，我们见过很多公司过分关注统计数据，以至于他们忘了员工的需求，只想炫耀数据。请严格执行培训项目，并时刻牢记你的目标是增加报告人数和减少点击人数。这么做可能会花不少时间，但"捏造"数据并不会让你的员工学得更快。

最后一个问题是：你该选择哪种类型的 SaaS（Software as a Service，软件即服务）或者软件？第 7 章将会探讨这一主题。

第 7 章
专业钓鱼攻击者的工具包

"技术只是工具。"

——比尔·盖茨

我记得祖父第一次带我去深海捕捞时的情景，那时我大概五六岁。我们登上了一艘驶向大海的大船。随着船远离码头，我能看到的陆地越来越少。我害怕吗？并不。为什么呢？因为祖父在我的腰间系了一条粗绳子，另一头系在船的栏杆上。我还记得他说："至少如果你掉下去了，我们还能钓一条大鲨鱼上来呢！"

我们进入了规定的区域，船员纷纷拿起巨大的钓竿。钓竿上的线轮比我还大，钓线的另一端有巨大的钩子。船员拿起一根钓竿，把一只大虾绑在钩子上，把钓线浸入水里，接着把钓竿递给我。我的小手几乎握不住钓竿，更不用说钓上来任何东西了。船员看见我在挣扎，于是递给我一个小的东尼虎牌钓竿。我感觉自己像大人一样了，但是我并没有钓到任何东西。

为什么呢？因为小钓竿并不是合适的海钓工具。刚开始那根钓竿是没问题的，但是我没有力气或者技能来使用它。本章的讨论将围绕着这一教训展开。

截至目前，本书已经讨论了钓鱼攻击背后的心理学原则、如何开展优秀的钓鱼攻击培训，以及决策背后的逻辑——如何在取得进展的同时又能避免掉入常见的陷阱。接下来的最后一个问题就是工具了。

尽管如此，问题不仅是工具那么简单。如果只是把工具列表扔在你面前，然后丢下一句"玩得愉快"，那是很容易的。但是我想从专业钓鱼攻击者的角度为你做一个概览。

我决定为你提供每样我用过的工具的概览。本章将会解释这些工具是什么、免费还是收费、工具的优缺点，以及我对这些工具的评价。本章最后会对这些工具进行比较。

但是且慢……还有别的。本章还包含对 SaaS（Software as a Service，软件即服务）、MS（Managed Services，托管服务）和 DIY 的对比，以帮助你确定自己最适合哪种情况。

我的目标并非让你偏好某种方法，而是提供一份对我使用过的工具的诚实的评估。在过去大概五年的时间里，作为专业的钓鱼攻击者，我使用这些工具向数以百万计的人发动了钓鱼攻击。为了尽可能不带个人偏见，我采访了排名前五的商业软件的制作者，还有开源软件 SET（Social-Engineer Toolkit，社会工程人员工具包）和 PhishFrenzy 的制作者。我问了他们下面这些问题，并表示他们可以给我发送这些产品的屏幕截图。

□ 你如何描述你的工具？
□ 你的工具最大的优点是什么？
□ 你的工具最大的缺点是什么？

采访对象可以选择回答其中一个、一部分或者全部问题，也可以不回答任何问题。他们的回答构成了本章的部分内容。（我编辑了回答中营销宣传的部分。）在每一节的最后我加上了个人评价，当然其中难免存在个人偏好，但是评价的重点在于回答下面这些问题。

□ 使用这款工具需要怎样的知识水平？
□ 用户信息的安全性如何？
□ 使用这款工具时有其他的困难吗？［例如需要花多长时间载入收件人名单、GUI（Graphical User Interface，图形用户界面）是否容易使用、能否同时进行多项任务、是否容易反馈。］

❑ 技术支持如何？

让我们开始吧。

7.1　商业应用

本节要谈的是商业应用，属于付费的类型。下面要介绍的产品我认为是钓鱼攻击软件中的领军者。随后我会提供一些可用的开源软件。

7.1.1　Rapid7 Metasploit Pro

熟练的渗透测试人员是很难找到的，因此有效利用他们的时间是很重要的。Rapid7 Metasploit Pro 可以通过闭环漏洞验证来显示风险程度并进行风险优先级划分，还能通过模拟钓鱼邮件攻击来对安全意识进行衡量。内置 Rapid7 NeXpose 可以用来验证环境中的漏洞，显示系统风险，并进行行动优先级划分。端到端（end-to-end）的钓鱼攻击项目允许你安全地对用户的行为进行测试，并提供对未成功通过测试的用户的分析。此外，你可以在 Rapid7 UserInsight 中查看钓鱼攻击测试结果以获取更全面的用户风险信息。

优点

❑ 利用 Rapid7，你可以衡量用户安全意识，还可以选择通过渗透测试来评估安全措施的有效性——例如漏洞发掘和 Java 有效载荷。

❑ Rapid7 是一个功能全面的攻击安全工具，它不仅能用于钓鱼攻击，也涵盖了漏洞发掘、证书检查和 Web App 测试。

❑ Rapid7 是一款本地部署应用，可以确保个人网络调查结果的隐私。

❑ Rapid7 包含 UserInsight，为你提供包含钓鱼攻击在内的用户全局风险概览。

❑ 只需要一次授权，Rapid7 即可向不限数量的用户提供不限次数的钓鱼攻击项目。

缺点

❑ 本地部署应用需要托管和维护。

❑ 钓鱼攻击模板非常初级。

❑ 内置的钓鱼攻击训练模式很初级（不过可以使用第三方训练方案）。

❑ 有些用户可能会反感漏洞发掘功能，可以选择关闭该功能。

屏幕截图

图 7-1 和图 7-2 显示了 Rapid7 Metasploit Pro 的屏幕截图。

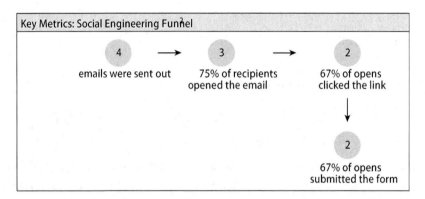

图 7-1　Rapid7 Metasploit Pro 统计页面

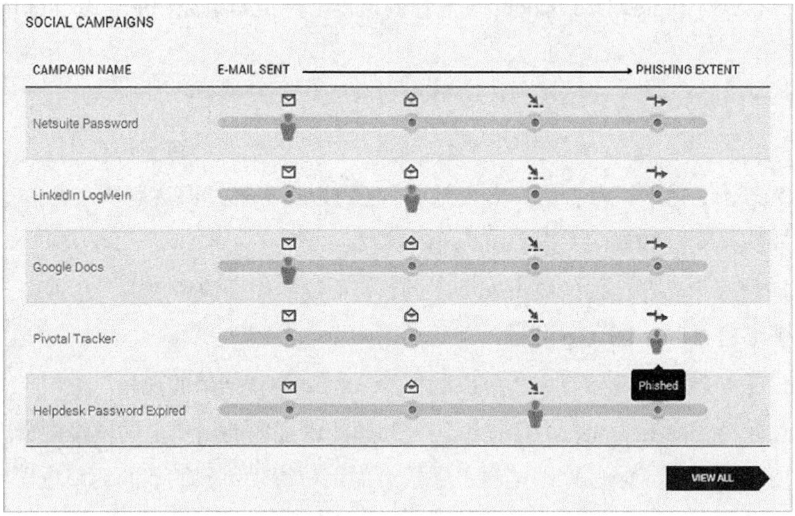

图 7-2　Rapid7 Metasploit Pro 钓鱼攻击追踪页面

个人评价

下面是我对 Metasploit Pro 的评价。

❑ 使用这款工具需要怎样的知识水平?

Metasploit Pro 的设置并不复杂。我觉得凭直觉即可胜任,不需要任何特别的软件知识。对所有的软件来说,学习曲线主要在 GUI 上,有一些我不太习惯的元素,但最后我发现其实挺好用的。

Metasploit Pro 并非是为新手准备的一款工具,但也无需变成专家才能使用它。使用过程中,我在一些简单的事项上遇到过一些困难,比如查看结果或者设置伪造邮件,但是清晰的说明文档和一些简单的教程帮我很好地解决了大部分问题。

❑ 用户信息的安全性如何?

因为 Metasploit Pro 是自我托管的,所以安全性很大程度上取决于你的设置。如果你把它安装在一个面向公众的服务器上,又没有安全措施的保障,那么它很容易被攻陷。我们没有对软件本身进行安全审计以确定其内部安全等级,但是系统是由密码保护的,似乎也使用了较好的安全等级来保护用户数据。因此,结论是:因为 Metasploit Pro 是本地部署的工具,所以安全性取决于你。

❑ 使用该工具时有其他的困难吗?

用户界面大部分似乎都可以凭直觉顺利使用,但是我对于如何设置邮件服务器和发送时间有点迷惑。我使用的版本不支持同时进行多项任务。报告是可以使用的,我也可以导出数据,这可以帮助我为客户创建报告。

❑ 技术支持如何?

客服很快回答了我的问题,帮我解除了疑惑。

7.1.2 ThreatSim

ThreatSim 允许组织机构根据终端用户的行为评估和降低风险。ThreatSim 是一个安全意识培训平台,可以帮助培训员工来识别潜在威胁并制定安全决策。ThreatSim 早期的产品允许组织机构发送模拟钓鱼攻击邮件给终端用户,并为那些落入陷阱的员工提供即时训练。新推出的产品包含附加的场景式训练,主要关注员工在面临安全决策时的一般情形。ThreatScore 用户风险管理产品会根据用户历史行为、安全知识、技术水平以及工作特征对员工进行评分,为安全管理员提供数据以降低他们的终端用户所面临的风险。ThreatSim 是以 SaaS 的形式提供的,并根据终端用户数以订阅形式出售。

优点

❑ 丰富的自定义选项。ThreatSim 为用户提供钓鱼攻击信息和培训信息的个性化设置。钓鱼攻击信息可自定义的范围包括寄件人姓名、地址、着陆页域名，以及一个完整的邮件内容编辑器，其功能包括剪切和复制真实的钓鱼攻击邮件。ThreatSim 的数据抓取功能非常强大，你可以使用网站抓取功能来创建一个逼真的模拟着陆页面。每一个训练都是 100%自定义的，包括内容、图形和布局，这使得用户可以创建满足他们特定需求的信息。

❑ 漏洞检测功能。ThreatSim 能检测目标浏览器以识别旧版本软件（例如 Java、Adobe 和 Flash），这些旧版本软件会增加目标遭受由钓鱼攻击带来的恶意软件的感染机会。

❑ 高级钓鱼攻击模拟功能。ThreatSim 提供了一些为模拟高级钓鱼攻击而准备的功能，包括但不限于：为了更真实地模拟钓鱼攻击，在一段时间内不定时发送钓鱼攻击邮件；基于目标"累犯"频率创建动态列表；基于个人历史表现和技术水平为每一个目标给出风险评级。

❑ 容易使用。ThreatSim 的界面（见图 7-3）可以帮助你十分高效地进行钓鱼攻击和查看结果。邮件列表管理提供了一个简单的两步更新过程，可以移除离职员工以及添加新员工。ThreatSim 允许导出全部数据，以供客户进一步分析。

❑ 多语言支持。全球性机构逐渐成为钓鱼攻击的目标，它们需要让内容本地化以进行更有效的钓鱼攻击训练。因此，ThreatSim 提供了多语言支持，其内容被翻译为 14 种语言，而且会根据用户需求添加新的语言。

缺点

ThreatSim 只有一个主要的缺点：信息过载。ThreatSim 提供的信息对有些用户来说太多了。

屏幕截图

图 7-3 到图 7-7 展示了 ThreatSim 的屏幕截图。

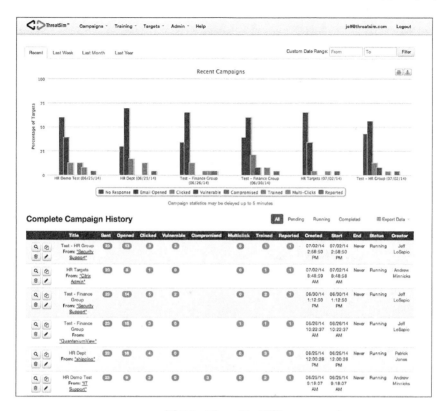

图 7-3　ThreatSim 面板

图 7-4　ThreatSim 任务设置

图 7-5 ThreatSim 任务结果

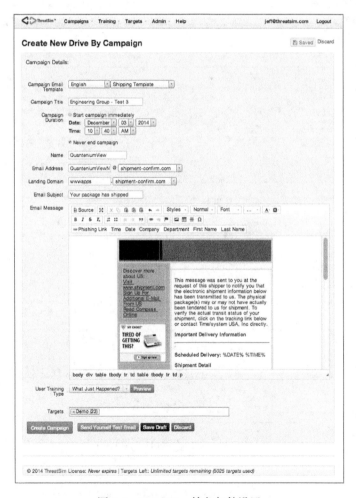

图 7-6 ThreatSim 钓鱼邮件设置

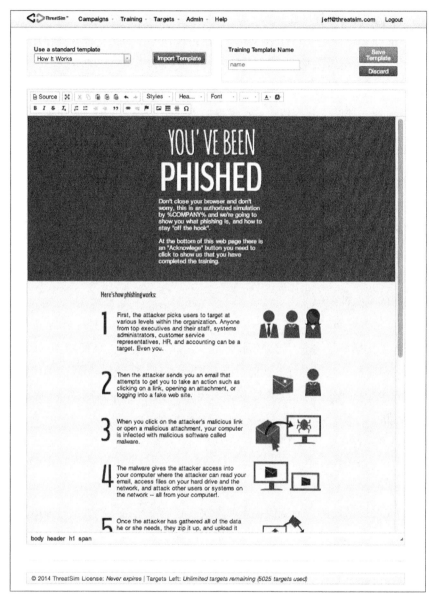

图 7-7　ThreatSim 教育页面

个人评价

下面是我对 ThreatSim 的评价。

❑ 使用这款工具需要怎样的知识水平？

ThreatSim 很容易使用。它肯定是为新手用户设计的，但是它也有健壮性。我发现利用它来设置钓鱼攻击邮件是很轻松的。导入用户列表以及设定发送时间也都可以凭直觉操作。报告功能不像我想象中那么有健壮性，但最后还是成功地把数据导出了。ThreatSim 团队一直在改进和提升他们的产品，总体来说它是很容易使用的一款工具。

另外，有一些新功能使 ThreatSim 使用起来更轻松。我最喜欢的是动态列表生成。这意味着我可以设置标准，然后创建一个符合标准的用户的列表。例如，我可以把标准设置为"使用的语言"，然后从用户中找出全部西班牙语使用者并创建一个相应的列表，接着发送给这些人西班牙语的钓鱼攻击邮件。

我喜欢的其他一些功能还有个性化的培训视频，以及一些针对中招用户进行强化训练的工具。

❑ 用户信息的安全性如何？

ThreatSim 是本地部署的服务，使用自己的服务器保存数据。ThreatSim 也使用亚马逊云服务器实现负载均衡。这要依据你的需求而定。我曾测试使用 ThreatSim 发送上千封钓鱼邮件，效果良好。我们没有对 ThreatSim 进行安全审计，因此我不能对软件的安全等级下任何结论。软件本身在安装时有多重验证以确保访问系统的人是得到授权的。

❑ 使用该工具时有其他的困难吗？

没有值得一提的困难。

❑ 技术支持如何？

ThreatSim 的团队对问题的回应速度非常快。我们曾经在一次大型培训项目中遇到了一个问题，技术支持团队和我们一起工作了好几个小时，帮助我们解决了问题。

7.1.3 PhishMe

PhishMe 是一种 SaaS 解决方案，利用浸入式教学法来对员工进行识别和规避钓鱼攻击的培训。通过使用 PhishMe，组织机构的所有员工都被置于真实的钓鱼攻击体验中。此外，员工可使用 PhishMe Reporter 来报告可疑的钓鱼攻击，从而为安全机构和应急反应小组提供实时威胁情报。高级报告能力可以为每个单独项目分别追踪用户和群体行为，并根据时间统计回应的趋势。利用报告功能，你可以提供证据来说明组织机构内易受攻击的部分和安全行为管理的进展。

优点

- 程序化的方法。PhishMe 并不提供一次性评估工具，而是帮助组织机构建立可持续的培训项目，并依据其企业文化和商业需求来进行个性化设置。
- 真实的情景和内容。为了紧跟最新的钓鱼攻击趋势并让内容贴近现实，PhishMe 一直在更新内容，并会通知组织机构的信息安全人员最新出现的威胁。
- 主动报告。PhishMe 的专利产品 PhishMe Reporter 是一种邮件插件，它允许用户以一种标准化的格式主动汇报可疑邮件给安全机构或者应急反应小组。用户的报告会为钓鱼攻击的早期侦测提供一种新的消息来源，也为衡量培训效果提供另一种方式。
- 标杆分析。组织机构可以使用系统化的训练，并在匿名情况下与其他 PhishMe 用户的训练结果进行对比。此外，组织机构还可以拿自己的结果与同一行业的竞争者进行对比。
- 企业级平台。PhishMe 提供的 SaaS 解决方案在专门的安全设备上运行。在美国，它们运行在经过 SOC 3 认证的专门设备上。在欧洲，它们则运行在符合欧盟 ISO 9001 和 27001 标准或者其他相关隐私规定的设备上。

缺点

PhishMe 拒绝提供其产品的缺点。

屏幕截图

图 7-8 到图 7-10 展示了 PhishMe 的屏幕截图。

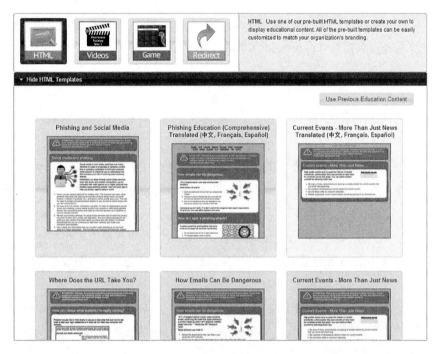

图 7-8　PhishMe 提供的模板

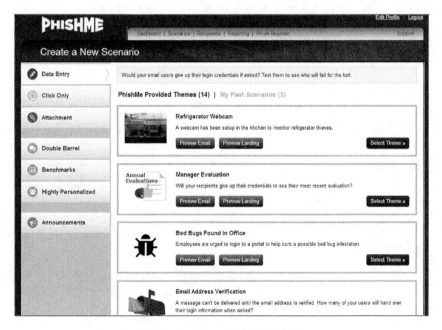

图 7-9　PhishMe 提供的模拟情景

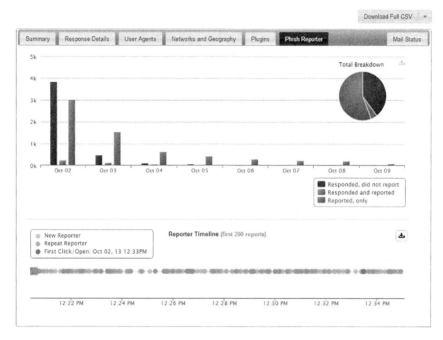

图 7-10 PhishMe Reporter

个人评价

下面是我对 PhishMe 的评价。

❏ 使用这款工具需要怎样的知识水平？

由于 PhishMe 面向初学者或新手而开发，它很容易使用。设置任务十分容易。列表生成和定时任务界面都可以凭直觉操作。

上传名单也很容易，我在不太了解这款软件的情况下很轻松就找到了报告数据。布局和设计都是为新手准备的，能够很快上手。

❏ 用户信息的安全性如何？

和前面所描述的软件一样，我并没有对它进行安全审计。PhishMe 遵守很多安全协议，有多重认证机制。另外，该公司并没有使用亚马逊云服务器来达到负载平衡——它有自己部署的服务器——所以你的数据只会存在于 PhishMe 的服务器上。

❏ 使用该工具时有其他的困难吗？

使用 PhishMe 有很多限制。尽管平台很容易使用，我还是感觉它缺少我在其他平台上看到的某种健壮机制，如用户报告。另外，变更请求的速度也很慢。

❑ 技术支持如何？

PhishMe 技术支持团队是非常称职的，但回应非常慢。我的请求通常不会在当天之内得到答复。有一次项目进程被耽误，就是由于他们回应不及时再加上缺乏和用户之间的沟通所导致的。

7.1.4 Wombat PhishGuru

使用 Wombat Security's PhishGuru 模拟钓鱼攻击服务，你可以通过发送模拟钓鱼邮件来评估你的员工易受攻击的程度并鼓励他们加强训练。当有员工落入陷阱时，它会显示独特的"教育提示"。员工面前会立刻出现一条持续显示 10 秒的信息，告诉员工刚刚发生了什么以及如何避免将来遭受类似的攻击。

这一信息会提醒员工自身存在易受攻击的风险，并激励他们进行后续的互动训练。PhishGuru 还包含一种自动注册功能，它会给落入陷阱的员工立刻发送一封训练安排邮件。

优点

❑ 自动功能提高了模拟钓鱼攻击的效率，使得外部钓鱼攻击的成功率大幅下降。

❑ PhishGuru 的自动注册功能与其安全教育平台相关联，允许你自动为落入陷阱的员工安排接下来的深度训练。

❑ 可以选择一周中的哪几天或一天中的哪段时间向终端用户进行随机的模拟钓鱼攻击。错开邮件发送时间并随机选择收件人，可以让员工不那么容易察觉出模拟钓鱼攻击。

❑ 钓鱼攻击邮件中内嵌了员工落入陷阱后会收到的教育提示。这保证员工可以明白为什么他们会落入陷阱中。

❑ 可以自定义智能报告结果的范围。

❑ 每个月都会添加新的钓鱼攻击模板来模拟外部钓鱼攻击。

缺点

在未经许可的情况下，PhishGuru 不能提供含有其他公司的商标的钓鱼攻击模板。

截图

图 7-11 到图 7-13 显示了来自 PhishGuru 的屏幕截图。

图 7-11　PhishGuru 的自动注册功能

图 7-12　PhishGuru 的培训页面

图 7-13　PhishGuru 短信测试的着陆页

个人评价

下面是我对 PhishGuru 的评价。

❑ 使用这款工具需要怎样的知识水平？

PhishGuru 像很多列在这里的其他软件一样，很容易使用。设置钓鱼邮件、任务、导入列表的工具都很直观。

Wombat Security 已经花了很长时间来开发针对各种社会工程学策略的训练模块，你可以很轻松地把它们纳入你的培训中。

总体来说，使用 PhishGuru 来进行钓鱼攻击训练，你不需要成为程序员或者熟练的钓鱼攻击者。

❑ 用户信息的安全性如何？

和前面提到的工具一样，我没有对它进行安全审计，不过它在登录时也使用了多重认证，并允许用户分情况使用。使用 PhishGuru 时，我没有发现任何明显问题。它的运行非常流畅和轻松。

❑ 使用该工具时有其他的困难吗？

没有其他的大的困难。

❑ 技术支持如何？

Wombat Security 有可靠的技术支持团队。我的个人体验非常好。他们对建议和想法能迅速做出回应。我发现他们非常专业、容易相处，并关心客户的需求。

7.1.5 PhishLine

PhishLine 是一种企业级的 SaaS 解决方案，可模拟真实世界的社会工程学和钓鱼攻击，提供在线安全意识训练、基于风险的调查以及详细的报告和指标。

优点

❑ 多重渠道的攻击模拟。PhishLine 并不限于传统的基于链接的钓鱼攻击模拟。它能够让用户对便携式媒体、文字、语音、模拟门户页面、智能附件等钓鱼攻击形式进行测试和衡量。同时它还支持一系列定制功能，允许安全专家精确地测试和衡量真实世界的安全威胁。

❑ 报告和度量。PhishLine 会收集很多可用数据，使得在专业平台上进行历史数据分析变得更加轻松。PhishLine 的报告功能不仅仅是汇总数据，它还可以提供对人群、进程以及社会工程学和钓鱼攻击威胁的技术层次的可视化分析。PhishLine 能够发送即时可用的分级的用户报告和有意义的指标。

❑ 对用户的服务承诺。PhishLine 是由安全专家开发并提供技术支持的。这是一个很重要的事实，因为很多此类应用只是由开发者来提供支持服务。这支技术支持团队不仅可以解决软件问题，还可以应对错综复杂的钓鱼攻击和安全威胁。

❑ 将基于风险的调查整合于真实世界的安全培训。用户可以使用 PhishLine 来进行针对性的网络安全意识训练和基于风险的调查，并将从解决方案中得到的关键指标和发现应用于自己的全局安全措施和风险培训项目中。

缺点

对于刚开始使用这款软件的人来说，界面和定制功能可能看起来比其他工具要复杂。

屏幕截图

图 7-14 到图 7-16 展示了 PhishLine 的屏幕截图。

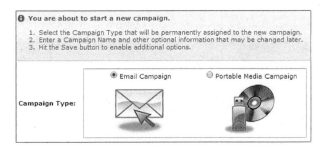

图 7-14 PhishLine 任务启动界面

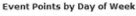

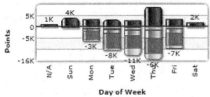

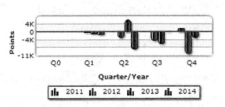

图 7-15 PhishLine 追踪界面

图 7-16 PhishLine 钓鱼攻击模拟计划概要

个人评价

下面是我对 PhishLine 的评价。

❑ 使用这款工具需要怎样的知识水平？

PhishLine 是我用过的工具中功能最强大的。PhishLine 的界面也许并不像其他产品一样面向新手用户，但设置钓鱼攻击邮件、启动项目、导入列表这些操作都并不难。真正强大的是它的报告功能。该软件可以为任何人提供所需的数据——从新手到专业数据人员。你可能需要学习 PhishLine 提供的课程或者从支持人员那里寻求帮助，才能学会使用它的数据报告功能。但是，一旦学会如何寻找你要的数据，你会为这一功能的强大感到震惊。

PhishLine 有非常具有深度的用户报告系统，允许你显示来自任何一个项目的任何子数据。我最喜欢的功能是将事件反馈加入到报告中，这样公司就可以通过使用内置于所有邮件客户端的邮件转发功能来管理事件反馈。你可以追踪、分类和报告那些正确回应的人，这样你就可以识别出谁"通过测试"了。

❑ 用户信息的安全性如何？

除 PhishMe 以外，列表中只有 PhishLine 是不使用亚马逊云服务来进行负载平衡的。我没有进行安全审计，但事实是所有负载均衡和平台都是运行于 PhishLine 自己的服务器上的，这意味着增加了安全层。

根据我自己使用 PhishLine 的经验来看，可以说他们使用了非常安全的服务器来处理用户的数据，并允许每个用户进行分情况管理。

❑ 使用该工具时有其他的困难吗？

使用 PhishLine 唯一的困难是复杂的界面。我需要一些教程才能学会使用一些功能，这些功能在我使用的其他系统中通常都是可以凭直觉操作的。

❑ 技术支持如何？

冒着听起来像广告的风险，我要说 PhishLine 的技术支持团队非常出色。我曾亲眼目睹他们工作到很晚来帮助我为客户解决一个问题，并且这个问题并不是由于 PhishLine 的错误而导致的。他们不知疲倦地提高他们的产品质量，当然，他们欢迎任何人告诉他们可以改进的地方。从我的经验来看，他们接受反馈并做出改进的动作可谓神速。

7.2 开源应用

这一节涵盖了在社会工程人员中最为广泛使用和知名的两个开源工具：SET（Social-Engineer Toolkit，社会工程人员工具包）和 Phishing Frenzy。

7.2.1 SET

SET 为评估者提供了一种测试其培训和安全意识项目有效性的机制。SET 由大卫·肯尼迪创建，是一个试图绕过很多常规安全保护机制（例如反病毒软件、应用白名单等）以查看技术控制和用户安全意识是否可以阻止攻击的技术工具。SET 是由信息安全机构对自我测试的需求发展而来的。最常见的漏洞发掘是通过社会工程学和钓鱼攻击进行的，SET 使用这些技术来识别培训和安全意识训练中的漏洞。

SET 给了组织机构编写可信的钓鱼邮件的能力，使终端用户无从知晓将要发动的潜在的钓鱼攻击。SET 将最新的钓鱼攻击技术与快速建立模拟恶意网站的能力相结合。SET 使得组织机构可以轻松地进行安全测试，尤其是针对那些处于最险要位置的终端用户。

优点

SET 有很多优点，其中包括：

❑ 能够测试用户对外界常见的特定攻击的反应效率；
❑ 为渗透测试者提供便捷高效的方式来编写真实可信的钓鱼邮件并借此发动攻击；
❑ 追踪点击钓鱼邮件的用户，并统计落入钓鱼攻击陷阱的人员比例；
❑ 呈现如何避开一些当今顶尖的防御技术的真实情景；
❑ 能够估算组织机构抵御攻击的能力如何。

缺点

❑ 一些公司使用开源软件有困难。
❑ 无法设定邮件发送时间。
❑ 没有图形用户界面；SET 是通过命令行运行的。
❑ SET 更像是鱼叉式钓鱼攻击平台，发动攻击前需要对目标进行调查。

截图

图 7-17 和图 7-18 显示了 SET 的屏幕截图。

```
set:payloads> Enter the number for the payload [meterpreter_revers
 tcp]:
[*] Prepping pyInjector for delivery..
[*] Prepping website for pyInjector shellcode injection..
[*] Base64 encoding shellcode and prepping for delivery..
[*] Multi/Pyinjection was specified. Overriding config options.
[*] Generating x86-based powershell injection code...
[*] Finished generating powershell injection bypass.
[*] Encoded to bypass execution restriction policy...
[*] Apache appears to be running, moving files into Apache's home

****************************************************************
Web Server Launched. Welcome to the SET Web Attack.
****************************************************************

[--] Tested on Windows, Linux, and OSX [--]
[--] Apache web server is currently in use for performance. [--]
[*] Moving payload into cloned website.
[*] The site has been moved. SET Web Server is now listening..
[-] Launching MSF Listener...
[-] This may take a few to load MSF...
```

图 7-17 SET 菜单结构

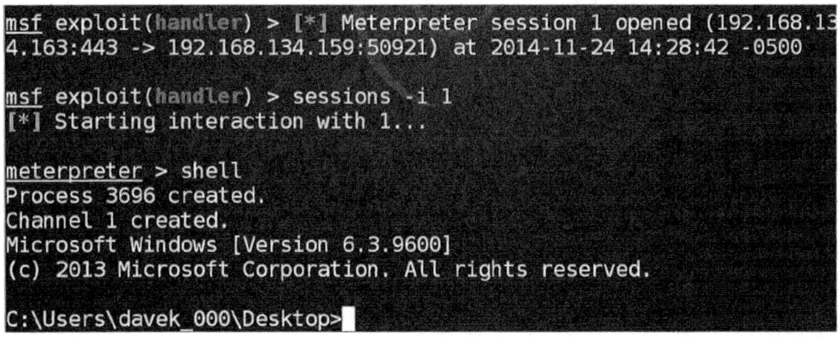

```
msf exploit(handler) > [*] Meterpreter session 1 opened (192.168.13
4.163:443 -> 192.168.134.159:50921) at 2014-11-24 14:28:42 -0500

msf exploit(handler) > sessions -i 1
[*] Starting interaction with 1...

meterpreter > shell
Process 3696 created.
Channel 1 created.
Microsoft Windows [Version 6.3.9600]
(c) 2013 Microsoft Corporation. All rights reserved.

C:\Users\davek_000\Desktop>
```

图 7-18 SET shell

个人评价

下面是我对 SET 的评价。

❑ 使用这款工具需要怎样的知识水平?

SET 非常强大, 功能也很丰富。由于该软件通过命令行工作, 在有菜单的情况下, 仍然需要习惯使用命令行工具以及载入 Python 脚本。

话虽如此, 大卫已经开发了一个容易上手的基于菜单的工具。

❑ 用户信息的安全性如何?

这款工具部署在你自己的服务器和硬件上, 因此安全性取决于你以及你如何设置。

❑ 使用该工具时有其他的困难吗?

　　我在很多项目中都用过 SET——通常是小型的, 因为用它来处理有上千个邮件地址的大型客户需要做很多工作。SET 是用来协助社会工程人员进行渗透测试的, 我不确定它是否适用于每月进行的钓鱼攻击培训。

❑ 技术支持如何?

　　大卫在回答问题这点上做得很棒, 他总是很快回复你的问题。但是对于使用开源工具而言, 试着自己通过阅读文档和网上搜索答案来解决问题是很必要的。

7.2.2　Phishing Frenzy

Phishing Frenzy 是一款由 Ruby on Rails 构建的基于 Linux 的开源应用, 也是渗透测试者用于管理钓鱼邮件攻击的工具。

优点

Phishing Frenzy 的优点如下:

❑ 真正的弹性框架;

❑ 可以和 Phishing Frenzy 的其他用户共享模板和情景;

❑ 功能丰富, 例如实时追踪、多任务并行处理, 等等;

❑ 开源软件可以随意添加自己想要的功能。

缺点

❑ Phishing Frenzy 只能在 Linux 上运行。

❑ 创建模板的过程复杂而低效。

❑ 有一定的学习曲线。

❑ 无法定时发送邮件。

屏幕截图

图 7-19 到图 7-21 显示了 Phishing Frenzy 的屏幕截图。

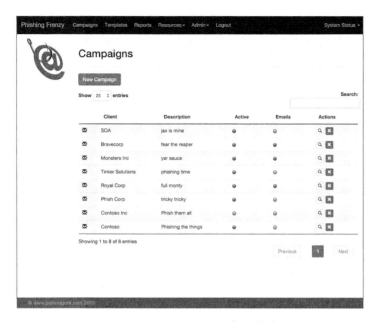

图 7-19 Phishing Frenzy 任务菜单

图 7-20 Phishing Frenzy 任务选项

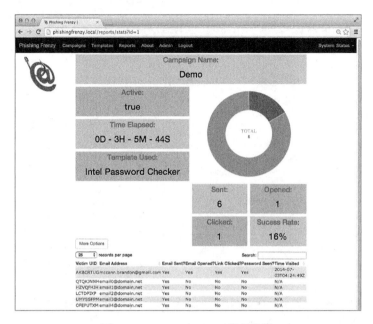

图 7-21　Phishing Frenzy 任务统计

个人评价

下面是我对 Phishing Frenzy 的评价。

☐ 使用这款工具需要怎样的知识水平？

　　Phishing Frenzy 是一款非常好的开源软件。菜单容易理解，布局清晰合理，而且我不认为使用这款软件需要很高深的知识。我主要关心的是钓鱼邮件的创建方式。

　　Phishing Frenzy 没有 WYSIWYG（what you see is what you get，所见即所得）的邮件编辑平台。因此，你不得不先用本地的 HTML 编辑器编辑邮件，然后上传.html文件到服务器上，把它当作模板分配给钓鱼邮件。这一点让我觉得它对新手不友好。

☐ 用户信息的安全性如何？

　　这款工具部署在你自己的服务器和硬件上，因此安全性取决于你以及你如何设置。

☐ 使用该工具时有其他的困难吗？

　　除了设置邮件比较困难以外，这款工具还是很好用的。它的报告功能不算强大，但是可以导出数据进行更深层的分析。对于开源工具来说，这是一个好选项。

　　我用 Phishing Frenzy 发送过几百封邮件。最近一次的使用中，我没有遇到任何问题。

❑ 技术支持如何?

这款软件并不是开发者的主业。鉴于他还有一份全职工作,他的答复速度还是很快的。他会及时回答安装服务器的问题,并修补发现的任何漏洞。

7.3 对比表格

本章包含了大量信息——这些信息是如此繁杂,即使我用过上述这些工具,我也很难将所有细节直观地展示出来。因此,我决定将这些工具的功能列成表格以供参考,这样便于快速查询每种工具的功能配置状况。

下面是对图 7-23 中的符号的说明。

❑ Y=是,这种工具有这种功能。

❑ N=否,这种工具没有这种功能。

❑ NA=不适用,这种功能完全不匹配于这种工具。

❑ *或#=表格内脚注会提供特定功能的更多信息。

7.4 谁来管理培训

本章还有最后有一个问题——即使问这个问题有种自我推销的感觉,它也仍旧是你需要考虑的一个非常重要的选项——是否交给别人来管理钓鱼攻击培训。

本章中提到的所有软件都必须交给某人来操作,因此,你是想请公司内部的某个员工来负责此事,还是想请一家像我们这样的公司呢?

我无法替你回答这一问题,但是至少可以提出一些问题和想法来供你参考。

❑ 如果请公司内部的员工来负责钓鱼攻击培训,那么他是只负责这一工作,还是要身兼其他工作?从前面的章节中可以看出,进行钓鱼攻击培训是一份全职工作。

❑ 记住,每个月你都要发送钓鱼攻击邮件、更新用户列表、确保你的邮件得到许可,还要撰写一份专业报告。

❑ 你雇用的内部员工或外部供应商在编写、审查和评价钓鱼攻击邮件方面有经验吗?

❑ 你雇用的内部员工或外部供应商在社会工程学攻击方面有经验吗?他们是否有渗透测试方面的经验,并能找到可信的理由来编写钓鱼邮件?

功能	RAPID7	THREATSIM	PHISHME	WOMBAT	PHISHLINE	SET	PHISHING FRENZY
	商用	商用	商用	商用	商用	开源	开源
能否设置训练开始时间	Y	Y	Y	Y	Y	N	N
能否设置训练结束时间	Y	Y	Y	Y	Y	N	N
能否在钓鱼邮件中使用商标	Y	Y	Y*	N	Y	Y	Y
能否导出所有数据	N	N	Y	Y	Y	Y	Y
能否处理事件反馈或者报告事件	N	N	Y	N	N	N	NA
如果能够处理的话，是否列出是谁报告/点击，报告/未点击	NA	N	Y	NA	Y	NA	N
能否进行钓鱼短信测试	N	Y	Y	Y	Y	Y	N
能否进行USB/媒体创建测试	Y	Y	Y	Y	Y	Y	Y
能否伪造邮件地址	N	Y	N	Y	Y	NA	NA
是否有多重认证	NA	Y	Y	Y	Y	NA	NA
是否利用亚马逊云服务进行负载均衡	NA	Y	Y#	N	N	NA	Y*
能否为每一个用户单独设置	Y	Y	Y	Y	N	N	Y
能否从XLS、CSV中导入数据	Y	Y	Y	Y	Y	N	N
是否有在线技术支持	Y	Y	Y	Y	Y	N	Y
能否同时运行多个训练项目	N	N	Y	Y	Y	N	N
一次训练中发送的邮件数是否有限制	N	N	N	N	N	N	N
			*仅限有授权时 #根据请求而定				*根据设置而定

图 7-23 软件对比表格

❑ 你每个月想花多少时间在这个培训上？这一问题可以帮助你确定究竟是需要新员工、外部供应商还是内部团队来管理这个项目。

这并非一旦选择就不能更改。拿现在正和我们合作的一些公司来说，它们起初派内部团队来管理培训，并使用了本章中提及的某一款工具。在开展培训几个月后，这些公司意识到自己需要帮助，于是雇用了我们。

不管你如何选择，你都可以适时改变，或者坚持你的想法。重要的是——无论你的选择如何——让你的员工意识到钓鱼攻击的危险并学会防御。

7.5　总结

本章旨在整合前六章的内容，并为你找出一款可以帮助你执行脑海中的培训计划的工具。究竟是使用开源软件还是商业软件？究竟是使用功能更强大的工具，还是使用更适合新手的？这些问题需要你自己回答，也可以联系安全服务供应商来帮助你评估你的需求。

正如前面所说的，真正重要的是在你的组织机构中如何开展钓鱼攻击培训项目，而选择工具是其中重要的一步。想象着你决定建造一个鸟舍，但是你拥有的唯一的工具是一把尺子。这种条件下，你不可能很快完成工作；你可能会感到挫败，然后放弃。

符合你和你的培训项目的需求的工具可以消除你的挫败感，帮你快速推进项目，并让你将注意力集中于培训效果而不是实际过程。衷心希望本章对你的决策能够有所帮助。

第 8 章
像老板一样进行钓鱼攻击

"我会怀念我们的谈话的。"

——纳森·阿尔格兰 (Nathan Algren),
《最后的武士》

在我和克里斯撰写这本书的短暂时间里发生了很多事情。很多安全漏洞事件在报道后引起了高度关注,包括 eBay、家得宝、索尼、福乐鸡和摩根大通。可以肯定,后续将会出现信用卡失窃、身份信息遭到泄露或者更进一步的钓鱼攻击活动。

反钓鱼工作组于 2014 年 8 月 29 日发布的报告显示,2014 年第二季度,被报告的独立钓鱼站点数量居于历年的第二位——128 378 个。另外,被报告的钓鱼邮件达到了 171 801 种。这还只是报告给反钓鱼工作组的数量。可以推测,现实中的钓鱼攻击和恶意网站的数量远超于此。近十年来,报告给反钓鱼工作组的钓鱼攻击和恶意网站的数量也有持续增加的趋势。

更糟糕的是,钓鱼攻击者的动作更快、手段更高明、攻击方式更富于变化了。最近一项由谷歌和加利福尼亚大学圣迭戈分校联合开展的关于账号劫持的研究表明,有 20% 的账号只需 30 分钟即可破解,50% 的账号需要 7 个小时就能得手。另外,攻击者平均花费3分钟搜索邮件信息——例如财务数据或者其他账号信息——并据此确定哪些账号是有价值的。最后，这项研究发现被盗账号的联系人比其他人遭到钓鱼邮件攻击的可能性高 36 倍，这意味着钓鱼攻击者会利用受害人的朋友和同事的身份来进行攻击。

无论如何，在可预见的未来，钓鱼攻击将继续成为困扰人们和组织机构的一个问题。想要真正解决这个问题，唯一的办法是不断学习，并在一切网络活动中保持安全意识。

8.1 深入钓鱼攻击

让最后一章不只是简单重复前几章的内容并不容易。我和米歇尔讨论过如何为本书做一个总结，最后我们列出了一个简短的清单，其中概括了本书中提出的一些概念，以及我们希望你能从本书中学到的东西。

8.1.1 知己知彼，百战不殆

钓鱼攻击并非一种娱乐消遣，它是坏人实实在在的生意。有报道称，2013 年因钓鱼攻击而遭受的损失超过 59 亿美元。像其他生意一样，钓鱼攻击一直在发展和调整以保证"收益"。尽管尼日利亚 419 骗局仍然存在并奏效，但钓鱼攻击总体越发真假难辨，也不再具有那些我们曾经用来识别骗局的容易辨认的特征。

另外，钓鱼攻击者知道如何驱使人们付诸行动，他们也不吝于利用敏感话题和不幸遭遇来诱使你点击链接。

防范钓鱼攻击：给普通人的建议

不幸的是，高级钓鱼攻击意味着你对收到的邮件不得不多加防范。下面列出了一些防范钓鱼攻击的简单规则，能够帮助你不懂技术的朋友和家人。

❑ 如果在家收到不明邮件，请不要打开，并将它删除。如果在公司收到，请报告给合适的内部机构来处理。

❑ 如果邮件来自认识的人，在点击任何附件或者链接之前仔细思考一下。邮件内容和你认识的这个人的行为相符吗？如果邮件中提出了请求，那么这请求说得通吗？如果对这封邮件的发件人身份存有疑虑，那么通过其他方式联系他。

- 如果邮件来自一个曾在线打过交道的机构（例如银行或者社交媒体），可以给他们打电话或者通过浏览器访问其官网，并且不要点击邮件里的链接。永远不要通过邮件提供认证信息或者个人信息。多花五秒的时间，使用已知的安全的方式来提供个人信息，可以保障个人信息的安全。

听从这些建议意味着你可能错过朋友的新消息，或者错过一次在线交易，但是换个角度来看，也避免了可能出现的从电脑被攻击到身份信息被窃等不良后果。如果你对钓鱼攻击问题的严重程度和潜在的后果有所认识，就会明白：哪怕一点点批判性思维就可以帮助你避免日后的很多痛苦。

在撰写这一章时，我参加了一家公司的会议。这家公司有员工点击了钓鱼邮件中的链接，导致电脑中被安装了某种勒索软件。这些勒索软件加密了用户的驱动、网络以及与之相连的驱动。黑客使用的是非常牢固的加密技术，其中也没有漏洞可以突破。这意味着用户要么付钱给敲诈者，要么失去数据（除非正确备份过）。其实只需要多花几秒钟思考一下，通过浏览器打开链接而不是点击邮件里的链接，就可以防止造成如此巨大的损失，这难道不值得吗？

防范钓鱼攻击：给专业人员的建议

不幸的是，安全专家的工作越来越多。我们发现只有少数组织机构愿意花钱在咨询或大型团队上，因此专业安全人员在这些公司里不得不身兼数职。显然，最好是由熟悉钓鱼攻击的人来进行钓鱼攻击培训和测试。但是即使这些你都没有，还有一些事情是你可以做的。

- 紧跟流行的钓鱼攻击方式。如果你仍然认为钓鱼攻击是一种由没受过什么教育的恶棍发起的低威胁性攻击，那么更新你在相关领域的知识可能是明智的。希望本书可以帮助你建立一些钓鱼攻击的基本概念。
- 把钓鱼攻击和普通社会工程学教育纳入你的安全意识培训中。你的工作一开始也许不能覆盖所有的情况，但通过这些方法来提醒你的员工总比希望问题自己消失要更好。

对钓鱼攻击的性质和范围有所了解后，你的最终目标是开展一系列连贯的课程，能够进行定期测试和培训，并教导所在的组织机构如何识别和应对现实生活中的钓鱼攻击。

8.1.2 为组织机构设定合理的目标

在理想的世界中，我们会捕获所有发送进来的恶意邮件，并不受干扰地开展日常工作。然而这并不现实。既然如此，又该如何设定切合实际的目标呢？设定目标是开展钓鱼攻击培训的基础。如果你不清楚你的目标，那么你也不会知道何时到达，或者如何在工作过程中纠正它。

目标设定高度取决于你的企业文化和领导力。你的公司长期都有高营业额吗？对你所在的公司而言，有效沟通是常态吗？你处在一个高度响应式管理的环境中吗？在钓鱼攻击安全意识方面，你知道你们公司正处于何种水平吗？在设定切合实际的目标时有很多因素要考虑，下面列举了一些以供参考。

❑ 期限。你希望多久可以看到变化？即使在小公司内，相信员工行为会在几个月内发生改变也是不现实的。有的客户花了几年的时间致力于在公司文化中创建安全意识并对其进行提升。钓鱼攻击教育并非一劳永逸。除非钓鱼攻击威胁不复存在，否则有效的钓鱼攻击培训项目不会终止。虽然如此，企业文化在几个月内就发生变化也并非完全不可能，只是要明白通常需要更长的时间才能看到显著的变化。

❑ 指标。你该如何衡量这种变化？如果不认清现状，那就无法衡量哪些提升是有意义的。如果选择每次只测试一部分人，那么观察每月点击率的变化是无意义的。不妨考虑其他的改变指标，例如报告的情况，或者更具体的行为，例如恶意软件侦测率（恶意软件通常是钓鱼攻击带来的）。

合理的目标是有效开展项目的基础。

8.1.3 规划培训项目

除了每月、每季度或每年随机发送一些钓鱼邮件，一个持续的钓鱼攻击培训项目还有很多要做的事情。你已经设定了目标，但要怎么做才能达到呢？问问自己下面这些问题。

❑ 使用哪种钓鱼攻击工具，为什么？
❑ 如何划定公司的基线？
❑ 应该以何种频率发送钓鱼邮件？

- □ 每次提升难度要等待多久？
- □ 如何汇报检测结果（点击率、报告率、其他指标）？
- □ 对于可疑邮件，员工应该如何处理？
- □ 员工可以利用哪些途径报告可疑邮件？
- □ 如何对待"累犯"的员工？
- □ 如何对待表现良好的员工？
- □ 如何把上述这些问题纳入相关培训之中？

你的培训计划应该将上述问题中的因素都考虑进去。前期准备工作越充分，培训项目进展就会越顺利。你甚至能够预判今后可能会出现的问题，并且至少你对如何进行相应的调整能有一些想法。

8.1.4　理解指标

最近有一位欣喜若狂的客户向我们报告说一个月之内点击率下降了 50%。50%！可喜可贺，是吧？好吧，可能是。这里有个问题：他们已经决定每个月只测试一小部分人，目标是一年内测试完公司的所有人。这意味着在此时间段内，没有人会接受重复测试。既然如此，一个月的点击率下降又能说明什么？或许员工之间彼此谈论此事，于是所有人都知道了公司正在进行钓鱼攻击测试。或许第二组员工碰巧遇到了更容易识别的钓鱼攻击。再或许第二组恰好比第一组更懂钓鱼攻击技术。我们无从得知点击率下降的原因。

你需要明白数字能说明什么和不能说明什么。对于一个有统计学上的显著差异的数字集合来说——也就是说，每组数据之间的区别是由于一个控制变量所致，而非偶然——某些特定条件肯定存在。这是统计人员研究的问题，已经超出了本书讨论的范围，不过你的确需要考虑一下。

很多因素都可以影响测试结果。也许我们问了正确的问题，但这些数据组仍然可能在其他无意义的方面展示出显著的差异，例如喜欢的音乐类型、IQ、子女的数量。明白我的意思了吗？因此，我并不能很肯定地说这个月相比前一个月的显著差异是非常有意义的。但如果这个趋势持续下去，那么我们就可以得出某些积极的结论，甚至不用等你的统计人员开口。我们想强调的关键一点是，如果你持续得到 80% 的点击率，而报告率几乎为零，而下个月你发现点击率只有 10%，那么在你庆祝钓鱼攻击培训终于大功告成之前，请先想想为什么这一切会发生。

你的员工都出去度假了吗？报告率是否也随之上升？钓鱼攻击邮件里有某个很多人都关注的问题吗？数据出现峰值的原因是什么？如果这只是偶然状况，那么下个月你会发现数据又变糟了。当你看到数据持续好转时，就可以开始庆祝了。

最后，要考虑这些指标究竟是在为什么服务。我们明白有些指标对于帮助你量化培训效果十分重要，并且坦白来说，能为公司管理层提供该培训项目物有所值的依据。但是记住，培训项目理论上是为了帮助你的员工识别和应对钓鱼攻击，而不是制造一页又一页的统计数据。

8.1.5 适当回应

目前为止，我们希望你已经清楚这一点：我们致力于通过创建安全文化和对员工进行培训来排除安全隐患，而不是排除你的员工。好的培训能让雇主和雇员都从中受益匪浅。通过塑造员工对钓鱼攻击的防范能力和警惕性，你所培养的好习惯将会带入到他们的个人生活中去。好的安全培训项目唯一的缺点是会花费很多时间、精力和资源。不幸的是，据我们了解，过去的观点是在安全上的花费都是强制性的。舍弃这种投资的风险太大。好消息是，尽管如此，对你所在的组织机构而言收益仍远大于投入。

然而有些人就是不明白这些。尽管有训练和大量的警告，这些人仍然点击他们收到的邮件中的每个链接。他们在论坛上使用自己的工作邮件地址。他们在社交媒体上公布你们公司的内部工作细节。不幸的是，这些人的确将你们置于险境。

如果你的公司里有这么一个人，而你已经试过很多办法来教育他，可是都没什么效果，那么你的选择余地就很小了。你可以把他安排到一个不同的——希望危害小一些的——部门里（想想电影《上班一条虫》里的弥尔顿），或者采用最后的办法：开除他们。开除的代价是需要找人接替他们的位置，然后又需要对新人进行全套的安全培训。

说明　我们曾经合作过的一家公司做得很好：员工在钓鱼攻击培训中的表现与他们的奖金和评价紧密相关。这家公司有一个指标衡量员工是否"通过"了培训，他们的奖金会因此受到影响。这确实使人们对培训更上心了。

最后一点关于适当回应的想法：组织机构希望它们的人员通过安全工作和明智决策来支持它们。但更重要的是，这一点反过来也成立：组织机构必须支持它们的人员，并制定鼓励安全行为的政策和流程，不要让人员面临在保持礼貌和泄露信息之中必须二选其一的处境。下面是一些组织机构层面需要思考的问题。

☐ 公司对员工的社交媒体有相关政策吗？
☐ 目前有验证通话双方身份的程序吗？
☐ 有内部信息应该如何被存储和分享的指南吗？
☐ 员工有安全便捷的报告可疑事件的途径吗？

帮助员工就是帮助你自己。在你参与其中的同时，确保公司管理层人员和 C 级管理者都参与到了项目之中。尽管他们可能不喜欢钓鱼攻击的主意，但是他们可能掌握公司的关键信息，因此是最需要接受培训的。

8.1.6　决定时刻：内部构建还是外部构建

最近，我有幸给对钓鱼攻击培训感兴趣的一群人做演讲。有人问进行钓鱼攻击培训实际需要花费多少时间。当然，我不能给出一个准确的时间，但是下面的概述可以告诉你培训大体涉及哪些环节。

(1) 确保钓鱼攻击邮件逼真、与时俱进并且有一定相关性，但不要给员工造成心理伤害。
(2) 经相关部门的批准后发送邮件，这一步涉及修改和迭代。
(3) 确保列表得到了升级——添加了新员工并移除了已经离职的员工。
(4) 准备合适的教育页面。
(5) 在系统中载入需要使用的邮件列表、钓鱼攻击邮件和教育页面。
(6) 设定好训练时间，测试邮件是否能正常发送。
(7) 确保邮件能正常送达。
(8) 收集所有信息，可能包括点击数、报告钓鱼攻击的人数，等等。
(9) 撰写报告，提供点击率的趋势观察信息，指出情况是好转还是恶化。
(10) 每月或者每季度重复这一过程。

正如你所看到的，这并非一份兼职工作，因此把这些任务分配给一位已有全职工作的员工（并且他可能对钓鱼攻击或者社会工程学并不熟悉）会导致培训效率低下，并会影响你展示 ROI（return on investment，投资回报率）的机会。

也许你可以雇用别人来帮助你在内部进行培训，或者员工内部可能有合适的人选。这一点对开展成功的内部培训非常必要。

但是如果你现在意识到你没有员工、技能或者意愿来开展内部培训，因此想寻找顾问来帮助你，你该怎么办？当然，你可以在谷歌上搜索"钓鱼攻击顾问"。你可能会得到一些结果，也肯定会看到很多公司声称有钓鱼攻击方面的专长。你该如何选择呢？有一件事可以帮到你，那就是先问问你的候选人下面这些问题。

- ❑ 你们开展过多少钓鱼攻击的项目？
- ❑ 你们发送过多少封钓鱼攻击邮件？
- ❑ 你们使用软件里的钓鱼攻击模板还是自己写？
- ❑ 你们公司对于钓鱼攻击如何奏效做了多少研究？
- ❑ 是否有统计数据表明你们帮助其他公司降低了点击率并增加了报告率？

提示　记住：任何人都可以写出让人上当的钓鱼邮件。你要找到的是可以帮助你做出积极改变的人。

除了问上述问题以外，也要确保与曾经跟他们合作过的客户谈谈。试着从其他客户那里了解这些顾问究竟只是为了寻求刺激而工作，还是真的愿意看着他们的客户取得成功。

为什么这些标准很重要呢？当你选择了一个顾问时，也就同意了将你们公司所有员工的邮件地址交给他或她，以便他或她能给所有员工发送钓鱼邮件。这些邮件可能会请求验证信息或者包含个人信息的细节，因此你需要相信你雇用的这个人值得信任，可以妥善地处理这些情况。

8.2　总结

据估计，每小时有 1450 亿封邮件被发送出去。我读过一些报道，有的声称 50% 的邮件都是恶意邮件，有的说是 30%，还有说 20% 的。姑且按照 20% 来计算，那么过去的一个小时内，有 290 亿封恶意邮件在全球各地被发送出去。29 000 000 000！这个数字让人震惊。

这个问题不会消失，但是你可以反击。你可以帮助你的公司抵御和减轻钓鱼攻击的损害。正如我们在本书中试图解释的那样，没有魔法药或者一步到位的解决办法，但是通过努力、坚持和合理规划，你同样可以取得成功。

现在你已经知道，我和米歇尔觉得钓鱼攻击是每个人都必须注意的重要问题，但我们也意识到这并不是唯一值得关注的问题。我非常清楚，还有很多层面的安全问题需要警惕——网络、人类，以及处于两者之间的所有东西。

我和米歇尔希望本书能够对你的工作有所帮助。如果你在阅读本书，但你并不在 IT 部门工作，那么我希望它可以帮助你理解为什么钓鱼攻击培训对于保证安全十分重要，无论是在家中还是在工作中。

保持批判性思维，不要轻信那些链接，让动作慢下来，检查得更仔细一些。如果你能做到这些，那么你"上钩"的概率就会大幅度降低。

保证安全。

社会工程：安全体系中的人性漏洞（第2版）

◆ 苹果公司联合创始人史蒂夫·沃兹尼亚克作序推荐
◆ 传奇黑客凯文·米特尼克鼎力背书
◆ 社会工程领域口碑佳作重磅升级

书号：978-7-115-57469-5
定价：79.8 元

黑客大揭秘：近源渗透测试

◆ 国际知名安全研究团队天马安全团队（PegasusTeam）荣誉出品，数十位业内黑客大咖倾力推荐
◆ 汲取多年无线渗透测试案例精华与技巧，以"红队"为导向讲解渗透测试领域全新概念"近源渗透测试"
◆ 无线渗透|物理渗透|内网渗透|权限维持|社会工程学钓鱼|后渗透|横向渗透，纵深未来时代的近源渗透测试

书号：978-7-115-52435-5
定价：99 元

安全防御入门手册

◆ "安全101"实战手册，含原则与技巧、技能与实践，随看随查
◆ 助你打造信息安全防御系统，保护企业数据与资产安全

书号：978-7-115-57795-5
定价：99.8 元

技术改变世界·阅读塑造人生

Google 系统架构解密：构建安全可靠的系统

◆ 谷歌SRE系列新作，聚焦安全性和可靠性
◆ 谷歌团队针对系统架构分享前沿经验
◆ 腾讯一线DevSecOps工程师倾力翻译

书号： 978-7-115-56925-7
定价： 129.8 元

企业信息安全管理：从 0 到 1

◆ 中国工程院院士、安全行业大咖、知名企业高管、安全领域投资人联合推荐
◆ 一本书读懂企业安全体系建设，教你如何从从工程师跨步管理者
◆ 安全负责人的工作地图，初创安全部门的指导手册

书号： 978-7-115-56185-5
定价： 79.8 元

移动 APT：威胁情报分析与数据防护

◆ 一线安全研究员合力打造，行业安全专家联合推荐
◆ （威胁分析 + 溯源手段 + 建模方法）× 事件案例
◆ 带你揭开攻防对抗技术的真面目

书号： 978-7-115-56438-2
定价： 99.8 元